Marcus Aulfinger
Hubschrauber-Typenbuch

Für Caro, Tim und Maja

Marcus Aulfinger

Hubschrauber-Typenbuch

Einbandgestaltung: Luis Dos Santos
Titelbild: Eurocopter

Eine Haftung des Autors
oder des Verlages und seiner Beauftragten
für Personen-, Sach- und Vermögensschäden
ist ausgeschlossen.

ISBN 978-3-613-02777-0

1. Auflage 2007

Copyright © by Motorbuch Verlag,
Postfach 103742, 70032 Stuttgart.
Ein Unternehmen
der Paul Pietsch Verlage GmbH + Co.

Sie finden uns im Internet unter:
www.motorbuch-verlag.de

Nachdruck, auch einzelner Teile, ist verboten.
Das Urheberrecht und sämtliche weiteren Rechte
sind dem Verlag vorbehalten. Übersetzung,
Speicherung, Vervielfältigung und Verbreitung
einschließlich Übernahme auf elektronische
Datenträger wie DVD, CD-Rom, Bildplatte usw.
sowie Einspeicherung in elektronische Medien wie
Bildschirmtext, Internet usw. ist ohne vorherige
schriftliche Genehmigung des Verlags unzulässig
und strafbar.

Druck und Bindung: Graspo, 76302 Zlin
Printed in Czech Republic

Inhalt

EINFÜHRUNG	6
TECHNIK	**12**
Tiltprojekte und ihre Zukunft	22
Präzision auf der Zugspitze	25
Die schnelle Hilfe aus der Luft	28
Der Weg zum Pilotenschein	30
Starker Einsatz im Kaukasus	34
Fliegende Bäume über Oregon	38
Hüttenversorgung im Allgäu	41
CHINA	**44**
Z-15 / EC 175	49
EUROPA	**50**
Agusta Westland AW 109	62
Agusta Westland AW 119 Koala	63
Agusta Westland AW 129 Mangusta	64
Agusta Westland AW 139 / 149	65
Agusta Westland Commando	67
Agusta Westland AW 101 Heliliner / Merlin	68
Agusta Westland Lynx	70
Agusta Westland Sea King	72
Agusta Westland Wasp / Scout	73
Eurocopter SA 315 Lama / SA 318 Alouette II	75
Eurocopter SA 316 / SA 319 Alouette III	77
Eurocopter SA 321 Super Frelon	78
Eurocopter SA 330 Puma	79
Eurocopter AS 332 Super Puma / AS 532 Cougar	80
Eurocopter SA 341 / SA 342 Gazelle	82
Eurocopter AS 350 Ecureuil / AS 550 Fennec	83
Eurocopter AS 355 Ecureuil / AS 555 Fennec	85
Eurocopter SA 360 Dauphin	86
Eurocopter AS 365 Dauphin / AS 565 Panther	87
Eurocopter BK 117	88
Eurocopter Bo 105	89
Eurocopter EC 120 Colibri	91
Eurocopter EC 130	92
Eurocopter EC 135	93
Eurocopter EC 145	94
Eurocopter EC 155	95
Eurocopter EC 225 / EC 725	96
Eurocopter Tiger / Gerfaut	97
Guimbal Cabri G2	98

NH Industries-NH 90	99

GUS — 100

Kamov Ka-25 (Hormone)	107
Kamov Ka-26 / Ka-126 / Ka-226 (Hoodlum)	108
Kamov Ka-27 / Ka-28 / Ka-31 (Helix-A / Helix-D)	110
Kamov Ka-29 (Helix-B)	111
Kamov Ka-32 (Helix-C)	112
Kamov Ka-50 / 52 (Hokum)	114
Kamov Ka-62	115
Kamov Ka-115	116
Kazan Aktai	117
Kazan Ansat	118
Mil Mi-8 (Hip)	120
Mil Mi-14 (Haze)	122
Mil Mi-17 (Hip-H)	123
Mil Mi-24 (Hind)	124
Mil Mi-26 (Halo)	126
Mil Mi-28 (Havoc)	128
Mil Mi-34 (Hermit)	130
Mil Mi-38	131

INDIEN — 132

HAL Dhruv	135

JAPAN — 136

Kawasaki KH-4	141
Kawasaki OH-1	142
Mitsubishi MH-2000	143

POLEN — 144

PZL Kania	148
PZL Mi-2 (Hoplite)	149
PZL SW-4	151
PZL W-3 Sokol / Anakonda	152

SÜDAFRIKA — 154

Atlas CSH-2 Rooivalk	156

USA — 158

Bell 47	172
Bell 204	174
Bell 205 / UH-1 Huey	175
Bell 206 Jet Ranger / OH-58 Kiowa	179
Bell 206 L Long Ranger / Twin Ranger	181
Bell 209 / AH-1 Huey Cobra	183
Bell 210	185
Bell 212	186
Bell 214	187
Bell 214 ST	188
Bell 222 / 230	189
Bell 406 Combat Scout	190
Bell 407	191
Bell 412	193
Bell 427	194
Bell 429	195
Bell 430	196
Bell / Agusta Westland 609	197
Bell / Boeing V-22 Osprey	198
Boeing AH-64 Apache	200
Boeing Vertol CH-46 Sea Knight	202
Boeing CH-47 Chinook	204
Brantly B-2 / 305	206
Columbia Vertol 107-II	207
Columbia 234 Chinook	209
Enstrom F-28 / 280	211
Enstrom 480	212
Erickson S-64 Skycrane	213
Hiller UH-12	215
Kaman K-20 Sea Sprite	216
Kaman H-43 Huskie	217
Kaman K-1200 K-Max	218
MD Helicopters 500 / 530	219
MD Helicopters 520 N	220
MD Helicopters 600 N	222
MD Helicopters Explorer	223
Robinson R 22	225
Robinson R 44	226
Robinson R 66	228
Schweizer 300	229
Schweizer 330 / 333	230
Sikorsky S-58	231
Sikorsky S-61 A / B / D Sea King	232
Sikorsky S-61 L / N / Payloader	233
Sikorsky S-61 R	235
Sikorsky S-62	236
Sikorsky S-65 Sea Stallion / CH-53	237
Sikorsky S-70 Black Hawk / Seahawk	238
Sikorsky S-76	240
Sikorsky S-80 Sea Dragon	242
Sikorsky S-92	244
Van Nevel VN 1100	245

BILDNACHWEIS — 248

EINFÜHRUNG

Zwischenlandung eines Eigenbau-Modells El Tomcat Mk.VI direkt auf dem Chemie-Tanker zum Zapfen von Spritzmitteln.

Obwohl der erste voll flugfähige Hubschrauber erst Mitte diesen Jahrhunderts vom Boden abhob, ist das Grundprinzip des Hubschraubers älter als das der meisten anderen Flugformen. Schon im 10. Jahrhundert wurden in Persien Windmühlen entwickelt, die waagrechte Segel als Antrieb nutzten. Dieses Antriebsprinzip wurde im Laufe von Kriegszügen nach China gebracht. Dort entstanden

Vorführung eines »Windmühlenflugzeugs« am 21. November 1931 in Hanworth bei London.

die ersten Spielzeuge, die waagrecht angeordnete, sich drehende Flügel verwendeten, um Auftrieb zu erzeugen. Doch erst Leonardo da Vinci machte sich konkrete Gedanken um die theoretischen Hintergründe des senkrechten Abhebens und fertigte im Jahre 1493 erste Zeichnungen von Fluggeräten an. Aus dieser Zeit stammt auch der heute verwendete Begriff Helikopter. Er steht für die Verwendung einer Spirale (griech. helix) als Flügel (griech. pteron). Die technische Umsetzung des Hubschrauberprinzipes war allerdings sehr kompliziert, so daß erst im vergangenen Jahrhundert erste Versuche unternommen wurden, flugfähige Senkrechtstarter zu bauen. Zum Abheben brauchte die aufwendigen Drehflügelkonstruktionen jedoch sehr viel Energie. Erst Anfang dieses Jahrhunderts waren genügend leistungsfähige Motoren und Materialien erhältlich, um begrenzt steuerfähige Hubschrauber zum Abheben zu bringen. Diese Motoren hatten jedoch immer noch nicht genügend Leistung, um eine Maschine aus dem Stand senkrecht abheben zu lassen und sie kontrolliert zu steuern. Deshalb handelte es sich bei fast allen Konstruktionen dieser Zeit um Tragschrauber (Autogiros). Diese Tragschrauber bestanden aus einem Zugpropeller, der die Maschine vorwärts beschleunigte, und einem Rotor statt einer Tragfläche. Der Rotor wurde durch die durchströmende Luft angetrieben und der an den Rotorblättern angelegte Anstellwinkel erzeugte eine senkrecht nach oben wirkende Auftriebskraft. Dadurch waren extreme Kurzstarts möglich. Die klassischen Tragschrauber konnten jedoch nicht senkrecht aus dem Stand abheben, da eine gewisse Vorwärtsgeschwindigkeit nötig war, um genügend durchströmenden Luft zu erhalten, die den Rotor antreibt.

Das senkrechte Abheben war es aber, was die Konstrukteure so reizte. Obwohl Deutschland in der Entwicklung der Tragschrauber eine eher unbedeutende Rolle gespielt hatte, war der erste voll einsetzbare Hubschrauber doch eine deutsche Entwicklung. Professor Henrich Focke hatte auf einem Flugzeugrumpf zwei an seitlichen Auslegern montierte gegenläufige Rotoren angebracht, die über einen 150 PS leistenden Siemens-Motor angetrieben wurden. 1936 wurde dieser Hubschrauber unter der Benennung Fw 61 vorgestellt. Er war der erste Hubschrauber, der senkrecht starten und landen sowie in alle Richtungen voll gesteuert geflogen werden konnte. Der Fw 61 sah wegen seines kleinen Propellers vor dem Siemens-Motor zwar aus wie ein Tragschrauber, der Pro-

»Windmühlenflugzeug« in den Strassen New Yorks (34. Pier).

peller diente aber nur der Motorkühlung und nicht zum Vortrieb. Die volle Steuerfähigkeit des Modells führte Flugkapitän Hanna Reitsch bei öffentlichen Demonstrationsflügen im Innenraum der Berliner Deutschlandhalle eindrucksvoll vor, fürderhin galt der Fw 61 als Sinnbild deutscher Ingenieurleistung. Der Fw 61 war zwar kein Produktionserfolg, aber er brachte auch in anderen Ländern neuen Schwung in die Hubschrauberentwicklung. Während die deutschen Entwicklungen im Krieg zerstört oder danach als Kriegsbeute in andere Länder gebracht wurden, begannen die Ingenieure in Amerika, sich erfolgreich mit dem Hubschrauberbau zu beschäftigen. Auch in der Sowjetunion und in Frankreich entstand nach dem Krieg eine Hubschrauberindustrie, die eine ganze Reihe erfolgreicher Hubschrauber hervorbrachte.

Der Fw 61 zeigt sein Können anläßlich einer Tagung der Fédération Aeronautique Internationale in Berlin am 24. Juni 1938.

Der Hubschrauber als Freizeitvergnügen

Der Einsatz von Hubschraubern war in den frühen Jahren auf militärische Verwendungen und zivile Arbeitsflüge beschränkt. Aus der amerikanischen Tradition der Selbstbauflugzeuge heraus entstanden jedoch in den sechziger Jahren erste einsitzige Hubschrauber für den privaten Gebrauch. Teilweise wurden bestehende Hubschrauber abgewandelt oder auch neue Maschinen konstruiert. Vor allem der Bell 47 entwickelte sich aufgrund der sehr einfachen und robusten Konstruktion zur beliebten Grundlage für Umbauten. So bot die Firma Continental Copters Bell 47-Umbauten mit Einmann-Kabinen an, die noch heute eingesetzt werden. Die so umgebauten Maschinen haben eine höhere Nutzlast und werden vor allem zum Besprühen landwirtschaftlicher Nutzflächen verwendet. Verschiedene Hersteller entwickelten auch eine ganze Reihe von Kleinhubschraubern zur ausschließlich privaten Verwendung. Eine der erfolgreichsten Firmen in diesen Bereich ist die Firma RotorWay Aircraft in Arizona, die früher Bausätze für verschiedene ein- und zweisitzige Modelle vom Typ Scorpion im Angebot hatte und heute den zweisitzigen Exec anbietet. Über 2000 dieser in vorgefertigten Baugruppen ausgeliefer-

Marke Eigenbau: Scorpion.

Bausatz des Exec 90, sogenanntes Quick Kit Layout. Dahinter ein zusammengesetztes Modell.

ten Hubschrauber hat RotorWay in den vergangenen 40 Jahren an Bastler verkauft, die sich einen Hubschrauber in Heimarbeit zusammengebaut haben. Aber auch die Firma Revolution Helicopters aus Missouri und die italienische Firma Elisport bieten seit einiger Zeit einsitzige Selbstbauhubschrauber an. Vorteil dieser Bausätze: Sie sind sehr billig, da sie einfach konstruiert und leicht zu warten sind. Sie haben keine Typenzulassung, die aufgrund der von den Zulassungsbehörden geforderten Test und Standards sehr teuer ist und bei »normalen« Hubschraubern mitbezahlt werden muß. Dafür dürfen sie nur in der eingeschränkten »Experimental«-Kategorie für selbstgebaute Flugzeuge fliegen. Um die selbstgebauten Maschinen in diesen Ländern zu fliegen, müsste die äußerst aufwändige und teure Typenzulassung durchgeführt werden, die den Kaufpreis dieser Maschinen um das zig-fache übersteigt.

TECHNIK

Der Kaman K-Max arbeitet mit ineinanderkämmenden Rotoren.

Die ersten Hubschrauber in ihrer heutigen Form wurden erst ab den vierziger Jahren entwickelt. In den zwanziger und dreißiger Jahren sah es so aus, als ob sich der Tragschrauber als Fluggerät durchsetzen würde. Denn er weist gegenüber dem Hubschrauber mehrere Vorteile auf: Seine Konstruktion ist erheblich einfacher als die eines Hubschraubers und die Steuerung erfolgt über ein einfaches Höhen- und Seitenruder. Die Kombination aus Zugpropeller und freilaufendem Rotor erlaubt sehr kurze Startstrecken. Der Spanier Juan de la Cierva, der mit dem Bau von Tragschraubern großen Erfolg hatte, entwickelte sein Antriebssystem so weit, daß seine Muster sogar senkrecht abheben konnten. Der Motor wurde an den Rotor angekuppelt und brachte diesen auf eine vorgegebene Drehzahl. Dann wurde der Rotor abgekuppelt, der Propeller übernahm den Vorwärtsantrieb und mit der im drehenden Rotor gespeicherten Energie erhob sich der Tragschrauber senkrecht in die Luft. Mit dieser als »Sprungstart« bekannten Technik kamen die Tragschrauber den Hubschraubern schon relativ nahe. Doch wirklich senkrecht steigen, in der Luft schweben sowie rückwärts und seitwärts schweben konnte ein Tragschrauber eben nicht. Noch stärker eingeschränkt waren die als Flugschrauber bekannten Konstruktionen. Sie sollten militärische Lasten und Soldaten auf sehr kleinen Landefeldern absetzen. Die Flugschrauber wurden von Flugzeugen geschleppt, wobei die Rotoren den Auftrieb erzeugten. Der Rotor sorgte nach dem Ausklinken für einen Autorotationsflug, der schließlich eine Landung auf sehr kleinen Flächen ermöglichte. Der Vorteil gegenüber Lastenseglern war die geringe Landefläche. Der Nachteil war eine erheblich schlechtere Gleitdistanz, die geringere Fluggeschwindigkeit und die damit verbundene größere Anfälligkeit auf feindlichen Beschuss. Erst mit Fockes 1936 vorgestelltem Fw 61 wurde der Hubschrauber mit seinen einzigartigen Fähigkeiten Realität. Der Hubschrauber hat eben den Vorteil, daß er nach allen Richtungen gesteuert werden sowie schweben und beliebig senkrecht steigen und sinken kann. Dafür ist er aber technisch sehr aufwendig und entsprechend teuer im Betrieb. Vor allem die Übertragung der Triebwerksleistung auf Haupt- und Heckrotor sowie die mechanische Komplexität der Steuerung sind sehr teuer in der Herstellung und Wartung.

Rotorsysteme

Der Hauptrotor ist das zentrale Element des Hubschraubers. Er sorgt nicht nur wie die Tragfläche an einem Flugzeug für den Auftrieb, sonder ist gleichzeitig das zentrale Steuerelement. Die meisten Hub-

Rotorkopf mit Taumelscheibe, Steuerstangen und Gelenken.

schrauber werden über eine Taumelscheibe gesteuert, die durch die Steuereingaben in die entsprechende Richtung geneigt bzw. insgesamt angehoben oder abgesenkt wird. Das Bewegen der Tau-

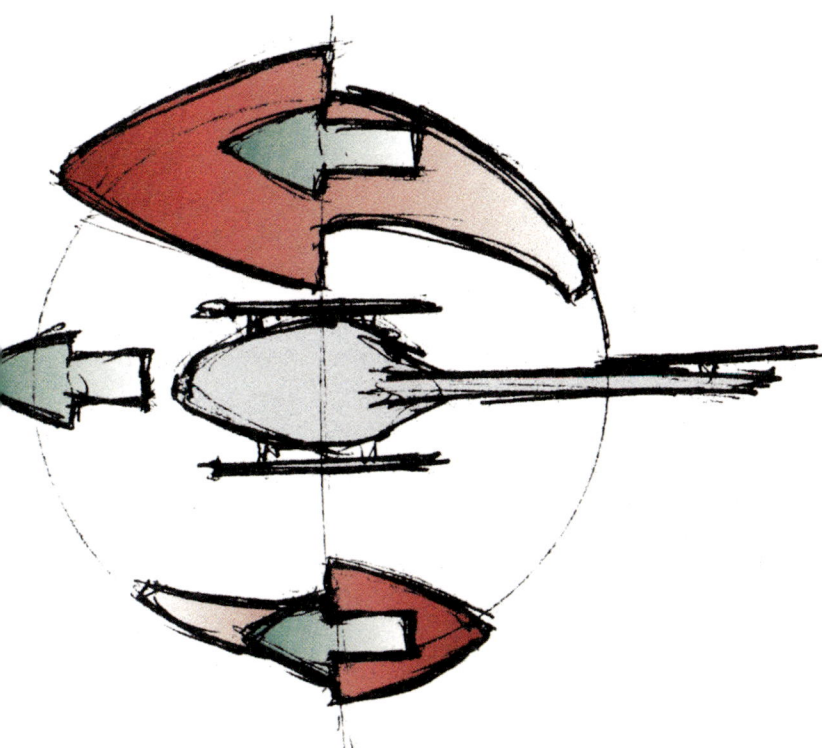

Im Vorwärtsflug summiert sich die Geschwindigkeit des Rotorblattes mit der des Hubschraubers. Da sich ein Blatt vorwärts und eines rückwärts dreht, entsteht ein unterschiedlicher Auftrieb, der für die Schlagbewegung des Blattes und für die Begrenzung der Fluggeschwindigkeit verantwortlich ist.

melscheibe sorgt dafür, daß sich die Rotorfläche in eine bestimmte Richtung neigt. Die sich drehenden Rotorblätter haben zwar den Vorteil, daß das Fluggerät zum Abheben keine Eigengeschwindigkeit braucht, doch der Rotor mit seiner Eigenbewegung begrenzt den Hubschrauber erheblich in der Vorwärtsgeschwindigkeit. Bei einer angenommenen Blattspitzengeschwindigkeit von 700 km/h und einer Fluggeschwindigkeit von 200 km/h hat das sich nach vorne drehende Blatt eine Geschwindigkeit von 900 km/h gegenüber der „stehenden" Luft, das nach hinten drehende eine Geschwindigkeit von 500 km/h. Bei höheren Geschwindigkeiten reisst irgendwann beim nach hinten drehenden Blatt die Strömung ab (dann, wenn der Faktor Vorwärtsgeschwindigkeit zu Blattspitzengeschwindigkeit größer als 0,5 wird) und das nach vorne drehende Blatt kommt in die Nähe des Überschallbereiches, wobei erhebliche Vibrationsproblem auftreten, die zur Zerstörung des Rotorblattes führen können (ungefähr ab Mach 0,92). Durch leichtes Neigen der Rotorblattspitzen lässt sich diese Grenze um einige Prozent hinauszögern, doch die maximale Fluggeschwindigkeit des Hubschraubers bleibt auf rund 370 km/h begrenzt.

Aufgrund der unterschiedlichen Blattgeschwindigkeiten im Vorwärtsflug erzeugen die Rotorblätter auf beiden Seiten des Rumpfes unterschiedlichen Auftrieb. Das nach vorne drehende Blatt hebt sich an und das nach hinten drehende senkt sich ab. Durch die damit verbundene Beschleunigung bewegen sich die Blätter während eines Umlaufes auch nach vorne und hinten. Damit der Hubschrauber sich nicht um die eigene Achse dreht oder die Struktur der Rotorblätter zerstört wird, muß das Blatt diese Bewegungen unabhängig vom Rumpf mitmachen können. Dafür gibt es drei hauptsächlich verwendete Lösungen:

Schlag- und Schwenkgelenke

Bei voll gedämpften Rotorsystemen befindet sich an jedem Rotorblattgriff je ein Gelenk, das es dem Rotorblatt ermöglicht, sich nach oben und unten bzw. nach vorne und hinten frei zu bewegen, ohne diese Bewegung über den Rotorkopf auf den Rumpf zu übertragen.

Halbstarre Rotoren

Bei halbstarren Rotorsystemen sind zwei Rotorblätter fest über ein Mittelstück verbunden, das freischwingend am Rotorkopf aufgehängt ist. Das nach oben schwingende und das nach unten schwingende Blatt gleichen ihre Bewegungen damit zwangsweise aus.

Gelenklose Rotoren

Bei gelenklosen Rotoren nimmt das Rotorblatt selbst die gesamten Bewegungen auf. Die Rotorblätter müssen aus hochwertigen Materialien hergestellt sein, um diese Bewegungen langfristig zu absorbieren, ohne selbst beschädigt zu werden. Hubschrauber mit gelenklosen Rotoren sind sehr direkt in der Umsetzung der Steuereingaben und sehr wendig.

Das Drehmoment

Ein Hauptproblem bei der Entwicklung des voll steuerfähigen Hubschraubers stellte der Drehmomentausgleich dar. Ein Triebwerk, das den Hauptrotor über eine Rotorwelle antreibt, entwickelt ein Drehmoment. Durch das dazugehörige Gegendrehmoment dreht sich der Rumpf in die entgegengesetzte Richtung. Wenn jedoch zwei in gegensetzte Richtung drehende Hauptrotoren verwendet werden, gleicht sich das Drehmoment aus und der Rumpf hat keine Drehtendenz. Im Laufe der Hubschrauberentwicklung kamen verschiedene Rotor-Anordnungen zur Anwendung:

Koaxialer Rotor

Beim koaxialen Rotorsystem drehen zwei Rotoren übereinander auf einer Achse in gegenläufige Richtung. Dabei wird eine erheblich größere Menge der Leistung des Triebwerkes zur Erzeugung von Auftrieb verwendet als beim Haupt- und Heckrotor. Da zwei Rotorflächen für die Produktion deer Hubkraft zur Verfügung stehen, kann der Rotordurchmesser kleiner gehalten werden als bei nur einem Hauptrotor. Kamov-Hubschrauber nutzen diesen Vorteil für Einsätze von engen Schiffsdecks aus. Bei den Kamov-Hubschraubern erfolgt die Steuerung über zwei übereinanderliegende Taumelscheiben. Bei dieser Anordnung liegen die Rotorebenen relativ weit übereinander. Da die einzelnen Rotorblätter bei gedämpften Rotorsystemen große Schlagbewegungen machen, können sich die Blätter der bei den Rotorebenen so nicht berühren. Der große Nachteil ist jedoch, daß der untere Rotor nur die bereits beschleunigte und verwirbelte Luft des oberen Rotors zu Verfügung hat und dadurch weniger Hubkraft erzeugen kann. Dieser Effekt wird größer, je weiter die Rotorebenen voneinander entfernt sind. Wenn der Abstand zwischen den Rotoren mehr als ein Viertel des Rotordurchmessers beträgt, beträgt

Der Kamov Ka-32 fliegt mit koaxialem Rotorsystem.

der Hubkraftverlust 10 % - 20 % der Triebwerksleistung und ist damit ungefähr so groß wie der Energieverlust bei Verwendung einer Haupt- und Heckrotoranordnung.

Der Versuchshubschrauber S-69 ABC, eigens entwickelt zur Erforschung höherer Fluggeschwindigkeiten, erhielt nur eine Taumelscheibe für beide Rotoren. Da die Rotorebenen dicht beieinander lagen, ließ sich eine hohe Effektivität erzielen. Durch Verwendung starrer Rotorblätter ohne Dämpfung konnten sie sich trotz des geringen Abstandes nicht berühren. Der S-69 nutzte das koaxiale Rotorsystem zur Erforschung der möglichen Leistungsverbesserung bei optimaler Nutzung der auftretenden physikalischen Effekte am nach vorne drehenden Rotorblatt.

Die Steuerung um die Hochachse wird beim koaxialen Rotorsystem durch kollektive Veränderung des Auftriebes an einem der beiden Rotoren durchgeführt. Dadurch wird ein höheres Drehmoment an einem Rotor erzeugt, was die gesteuerte Drehung des Rumpfes ermöglicht. In der Autorotation, in der keine Triebwerksleistung und damit kein Drehmoment zur Steuerung zur Verfügung steht, funktioniert dieses System allerdings nicht. Deshalb verfügen alle Kamov-Hubschrauber über eine Art Querruder, das mit den Heckrotorpedalen gekoppelt ist und eine Steuerung ermöglicht, sobald eine gewisse Vorwärtsgeschwindigkeit vorhanden ist.

Tandemrotor

Zwei hintereinander angebrachte, gegenläufige Rotoren werden vor allem bei größeren Hubschraubern verwendet. Ein offensichtlicher Vorteil des Tandemhubschraubers ist der größere Beladespielraum, da der Hubschrauber an zwei Rotoren »aufgehängt« ist statt an einem. Es stehen zwei Rotoren zur Verfügung, die sich im Schwebeflug nicht gegenseitig beeinflussen und die die volle Triebwerksleistung in Auftrieb umsetzen können. Anders als beim koaxialen oder beim ineinanderkämmenden Rotor erfolgt die Steuerung um die Hochachse durch Neigung von einem der beiden Rotoren in die gewünschte Drehrichtung. Der verhältnismäßig große Abstand der Rotorachse zum Schwerpunkt bewirkt letztlich, daß sich der Hubschrauber in die gewünschte Richtung dreht. Diese Steuerungsmöglichkeit bleibt auch bei einer Autorotation voll erhalten. Der große Nachteil des Tandemhubschraubers ist sein hoher Leistungsbedarf im Vorwärtsflug. Der hintere Rotor muß den Luftstrom nutzen, der schon vom vorderen Rotor »verbraucht« wurde, und produziert deshalb einen geringeren Auftrieb als der vordere. Deshalb hat ein seitlich fliegender Tandemhubschrauber bei gleicher Leistung erheblich mehr Kraft als im Vorwärtsflug. Verschiedene Designstudien haben gezeigt, daß der Tandemrotor erst für Hubschrauber ab ca. 9000 kg Abflugmasse interessant ist. Doch auch bei Großhubschraubern ist die Tandemanordnung nicht die eindeutig bessere Lösung. So hat sich das Mil-Designbüro bei der Konstruktion ihrer schweren Hubschrauber mit Ausnahme des Mil-12 immer für die Verwendung von Haupt- und Heckrotor entschieden.

Seitlich montierte Hauptrotoren

Auch wenn diese Rotoranordnung der Standard für Kipprotorflugzeuge ist, wurden nur wenige Hubschrauber mit zwei seitlich montierten Rotoren konstruiert. Die Focke-Achgelis Konstruktionen Fa 61 und Fa 223 gehören ebenso dazu wie der größte Hubschrauber der Welt, der Mil Mi-12. Hauptgrund für die Verwendung dieser Rotoranordnung war meist die

Den Mil Mi-12 brachten seitlich montierte Hauptrotoren in die Luft.

günstige Möglichkeit, einen bereits bestehenden Flugzeugrumpf zu verwenden und nur das Rotorsystem anzubauen. Probleme gab es meist bei der Stabilität der Ausleger, die die komplette Hubkraft der Rotoren auf den beladenen Rumpf übertragen mußten. Mil behielt im Unterschied zu den Focke-Achgelis-Konstruktionen die Tragflächen des verwendeten Flugzeugrumpfes bei und modifizierte sie nur in der Form. Die dadurch gewonnene Stabilität bracht allerdings den Nachteil, daß die Tragflächen genau im Rotorabwind lagen und damit die Effektivität des Rotors verringerten. Problematisch ist diese Rotoranordnung im Seitwärtsflug: Einem Rotor steht – wie beim Vorwärtsflug mit dem Tandemrotor – nur die »verbrauchte« Luft des anderen zur Verfügung; es herrschen ungleiche Auftriebsverhältnisse.

Ineinanderkämmende Rotoren

Dieses Rotorsystem verwendet zwar zwei schräg zueinander angeordnete, gegenläufige Rotoren. Die beiden Rotoren überschneiden sich in ihrer schrägen Laufbahn. Da die Rotoren schräg angebracht sind, beeinflußen Sich die beschleunigten Luftströme beider Rotoren kaum. Dadurch entstehen kaum Leistungsverluste wie beim koaxialen Rotorsystem. Nachteile dieses Rotorsystems sind die geringe Bodenfreiheit des schrägen Hauptrotors und die damit zusammenhängende Gefährdung für am Boden stehende Personen. Die Steuerung um die Hochachse wird wie beim koaxialen Rotor durch Veränderung des Drehmomentes an einem Rotor durchgeführt. Da in der Autorotation im Unterschied zum normalen Flug die Luft von unten nach oben strömt, dreht sich bei dieser Konstruktionsform die Wirkung der Heckrotorpedale in der Autorotation um. Weil diese Besonderheit gerade bei einem Notverfahren nicht gewünscht ist, wird diese physikalische Eigenschaft durch einen speziellen Mischer wieder umgekehrt, so daß auch in der Autorotation ein normales Steuerverhalten gewährleistet ist. Es hat sich herausgestellt, daß ineinanderkämmende Rotoren nur mit maximal zwei Rotorblättern arbeiten können, da sich eine größere Anzahl von Blättern durch die Schlag- und Schwenkbewegung in der überschneidenden Kreisfläche selbst zerstören würden.

Blattspitzenantrieb

Das Problem des Drehmomentausgleiches entsteht nur, wenn die Kraft des Triebwerkes über eine Welle auf den Hauptrotor übertragen wird. Wirkt sie direkt

Blattspitzenantrieb am Hughes-Erprobungsträger XV-9A.

an den Rotorblättern, gibt es kein Drehmoment, das ausgeglichen werden muß. Es gab verschiedene Formen des Blattspitzenantriebes: Die einen verwendeten kleine Stahltriebwerke, die an den Rotorblattspitzen befestigt wurden; die anderen komprimierte Luft, die am Blattende nochmals verbrannt und in einer Art Nachbrenner zusätzlich beschleunigt wurde. Verschiedene Maschinen, darunter der riesige Schwerlasthubschrauber XH-17 von Howard Hughes flogen nach diesem Prinzip. Ein großer Nachteil dieser Maschinen war allerdings der Lärm, den der Verbrennungsmechanismus am Blattende mit sich brachte, und der unverhältnismäßig hohe Treibstoffverbrauch. Der einzig erfolgreiche Hubschrauber mit Blattspitzenantrieb war der Sud-Ouest SO 1221 Djinn, von dem fast 200 Exemplare gebaut wurden. Er verfügte über einen Kompressor mit genügend Leistung, um den Hubschrauber ohne Blattspitzen-Verbrennung anzutreiben. Dadurch war er erheblich leiser als andere Maschinen mit Blattspitzenantrieb.

Haupt-und Heckrotor

Von allen Möglichkeiten des Drehmomentausgleiches hat sich der Einsatz eines Haupt- und eines Heckrotors im Laufe der Zeit durchgesetzt. Vorteile dieses Systems ist die gute und vor allem gleichmäßige Steuerbarkeit im angetriebenen Zustand und in der Autorotation. Der Einsatz von Haupt- und Heckrotor hat sich bei Hubschraubern aller Größen, vom Robinson R 22 bis zum Mil Mi-26 bewährt. Die Verwendung eines Heckrotors bringt allerdings den Nachteil mit sich, daß alleine für den Drehmomentausgleich zwischen 10% und 20% der Triebwerksleistung verbraucht werden. Diese Leistung wird nicht in Hubkraft umgesetzt, weshalb größere Triebwerke

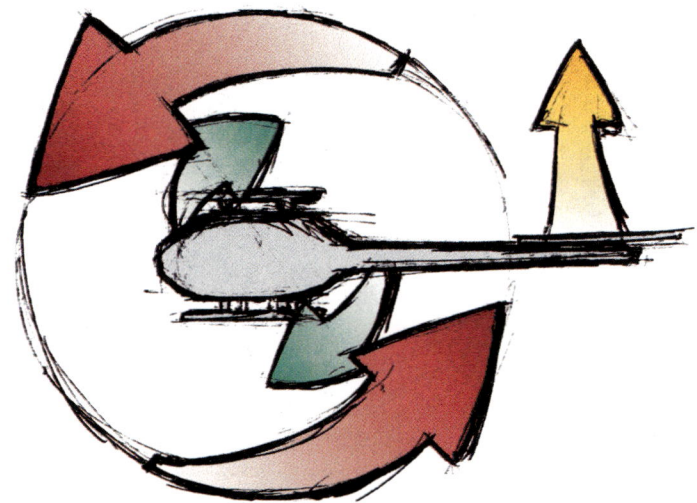

Der seitlich wirkende Schub des Heckrotors verhindert, daß sich der Rumpf um die Hochachse dreht. Durch Verstellung des Anstellwinkels an den Heckrotorblättern läßt sich der Hubschrauber gesteuert um die eigene Achse drehen.

eingesetzt werden müssen. Die Konstruktion des Heckrotors bringt ein für die Flugleistung uneffektives Mehrgewicht mit sich. Der Heckausleger mit dem daran befestigten Heckrotor bewirkt außerdem, daß gegenüber Hubschraubern mit zwei Hauptrotoren erheblich geringere Seitwärtsgeschwindigkeiten geflogen werden können. Darüberhinaus ist der meist niedrig angebrachte Heckrotor vor allem bei kleineren Hubschraubern eine Gefahr für außenstehende Personen.

NOTAR

NOTAR (No Tail Rotor) heißt ein von McDonnell Douglas patentiertes System zum Drehmomentausgleich, dessen Entwicklungslinien bis in die 70er Jahre zurückreichen. Es ist zum Großteil nur im Schwebeflug wirksam, da die Steuerung im Vorwärtsflug durch lenkbare Stabilisierungsflossen übernommen wird. Im Schwebeflug beschleunigt ein Verdichterrad im Rumpf die Abluft des Hauptrotors und bläst sie in den Heckausleger. Dort wird sie je nach Stellung der Heckrotorpedale über ein sich drehendes Endstück in die für den Drehmomentausgleich benötigte Richtung ausgeblasen. Darüberhinaus wird die Luft über zwei kleine, an der rechten Seite angebrachte Längsschlitze ausgeblasen. Und der Rotorabwind durch ein links angebrachtes Störblech gebremst. Dadurch entsteht – wie bei Tragflächen – ein seitlich wirkender Auftrieb, der einen Teil des Drehmomentausgleiches übernimmt. Im NOTAR verbinden sich mehrere Vorzüge: 1. Er braucht nur im Schwebeflug Leistung für den Drehmomentausgleich. 2. Im Vorwärtsflug übernehmen die Flossen die Stabilisierung und fast die gesamte Triebwerksleistung steht als Flugleistung zur Verfügung. 3. Da der NOTAR keinen Heckrotor hat, ist er sehr leise (der Löwenanteil des Helikopter-Lärmes ergibt sich aus den Luftverwirbelungen zwischen Haupt- und Heckrotor). 4. Auch die Gefährdung durch den Heckrotor entfällt beim NOTAR.

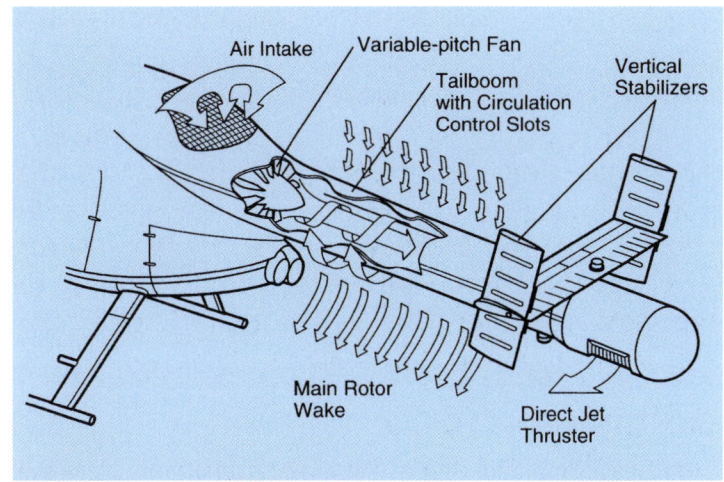

Schematische Darstellung des NOTAR-Systems (Werkszeichnung von McDonnell Douglas).

Wie wird ein Hubschrauber gesteuert?

Im Unterschied zu Flächenflugzeugen, die, wenn sie ausgetrimmt sind, in den meisten Fluglagen selbständig die Richtung halten, fliegt ein Hubschrauber immer instabil. Um auf einem vorgegebenen Flugweg zu bleiben, muß der Pilot ständig korrigierend eingreifen. Vor allem im Schwebe- und im langsamen Vorwärtsflug ist der Hubschrauber sehr anfällig für Windeinflüsse und erfordert die besondere Aufmerksamkeit des Piloten. Im Unterschied zu einer weit verbreiteten Ansicht sprechen bei Triebwerksausfall alle Steuerelement noch voll an. Die Rotorblätter werden dabei so angestellt, daß der Luftstrom den freilaufenden Rotor antreibt. Der Hubschrauber kann – ähnlich einem Flugzeug – voll gesteuert gleiten und auf jedem noch so kleinen Platz ohne Motorleistung landen (Autorotation).

Die zyklische Blattverstellung

Mit der zyklischen Blattverstellung wird die Taumelscheibe geneigt und damit die Flugrichtung bestimmt. Duch Bewegen des zyklischen Blattverstellhebels wird der Hubschrauber in die Richtung gesteuert, in die er sich bewegen soll. Das gilt für Flugbewegungen im Schwebeflug ebenso wie für Kurven. Kurven werden ausschließlich mit der zyklischen Blattverstellung geflogen und nicht, wie oft angenommen wird, mit den Heckrotorpedalen.

Die kollektive Blattverstellung

Mit dem Hebel für die kollektive Blattverstellung wird die Taumelscheibe angehoben oder gesenkt und damit der Anstellwinkel an allen Rotorblättern gleichmäßig verändert. Dadurch steigt oder sinkt der Hubschrauber. Der Griff des kollektiven Blattverstellhebels ist gleichzeitig der Drehgasgriff für die Triebwerksleistung.

Die Heckrotorpedale

Mit den Heckrotorpedalen läßt sich der Schub des Heckrotors regulieren und damit die Drehung des Hubschraubers um die Hochachse steuern. Je mehr Leistung am Hauptrotor anliegt, desto größer ist auch das Drehmoment auf den Rumpf. Um ein Drehen des Rumpfes zu verhindern,

Der Hubschrauber wird über drei Organe gesteuert, die in ihrer Wirkung direkt voneinander abhängig sind. Das Steuern erfordert deshalb gute Koordination und ständige Korrekturen.

Mit den Heckrotorpedalen wird die Fluglage um die Hochachse gehalten. Im Vordergrund der Griff des zyklischen Blattverstellhebels.

muß der Schub des Heckrotors mit den Pedalen entsprechend angepaßt werden.

Jeder Flugzustand wird hauptsächlich über die Koordination von zyklischer und kollektiver Blattverstellung kontrolliert. Die Heckrotorpedale dienen nur der Beibehaltung einer Fluglage bei sich änderndem Drehmoment.

Zum Steigen aus dem Reiseflug bei konstanter Fluggeschwindigkeit wird zum Beispiel der Hebel für die kollektive Blattverstellung angehoben. Durch den höheren Anstellwinkel der Rotorblätter entsteht ein größerer Widerstand, so daß mehr Leistung zugegeben werden muß. Dies wiederum führt zu einem höheren Drehmoment: das Heck des Hubschraubers versucht sich zu drehen. Um die Flugrichtung einzuhalten, muß der Pilot mit den Pedalen korrigieren. Alle Steuereingaben müssen gleichmäßig erfolgen und – je nach Stärke der Steuereingabe – dosiert werden.

Im Schwebeflug hält der Pilot beispielsweise mit der kollektiven Blattverstellung seine gleichmäßige Höhe über Grund. Mit dem zyklischen Blattverstellhebel hält er die Position und korrigiert mögliche Windeinwirkungen. Mit den Heckrotorpedalen hält er die Flugrichtung, so daß der Bug immer in die gleiche Richtung zeigt.

Tiltrotorprojekte und ihre Zukunft

Der Hubschrauber verdankt seine einzigartigen Eigenschaften dem Hauptrotor, der bei stehendem Hubschrauber einen senkrechten Auftrieb erzeugt. Die maximale Vorwärtsgeschwindigkeit, die ein Hubschrauber erreichen kann, wird allerdings durch die Eigendrehung des Hauptrotors beschränkt. Eine Lösung dieses Problemes wurde schon 1845 angedacht und 1939 von Professor Henrich Focke konkret entwickelt. Das Kipprotorprojekt Fa 269 konnte senkrecht starten und sollte durch Kippen der Rotoren nach vorne die Flugeigenschaften und Geschwindigkeit eines Flächenflugzeuges erreichen. Die Bauteile für den Fa 269 wurden jedoch im Krieg zerstört und das Projekt eingestellt. Die Kombination der Flugfähigkeiten des Hubschraubers mit der Reisegeschwindigkeit eines Flächenflugzeuges beschäftigte die Hubschrauberkonstrukteure jedoch weiterhin. Verschiedene Versuche von Transcendental Aircraft, DOAK, Curtiss-Wright, Hiller und anderen waren zwar technisch mehr oder weniger erfolgreich, es fehlten jedoch meistens die finanziellen Mittel zur Entwicklung bis zur Serienreife. Bell hatte Glück und bekam einen offiziellen Auftrag für ein

Der von der US Army und der NASA mitfinanzierte XV-15 diente Bell jahrelang als Versuchsträger für verschiedene Technologien, die dann im V-22 eingesetzt wurden.

Kipprotor-Projekt, so daß mit dem XV-3 Ende der 50er Jahre umfangreiche Flugversuche durchgeführt werden konnten, unter anderem mit dem ersten erfolgreichen vollständigen Schwenken des Rotors. Um die hohen Kosten einer Weiterentwicklung des XV-3 bis zur Serienreife zu tragen, hätte Bell einen konkreten Militärauftrag gebraucht. Das Interesse des amerikanischen Militärs lag zu dieser Zeit jedoch bei anderen Projekten, so daß die Entwicklung des XV-3 eingestellt wurde. Bei Boeing hatte 1957 das von der US Army und Navy unterstützte Forschungsprojekt Boeing Modell 76

Ishida-Studie zum Tiltrotor-Projekt TW-68.

seinen Erstflug. Es war ein kleines Kipprotorflugzeug, bei dem die gesamten Tragflächen mit den an der Vorderseite angebrachten Propellern gekippt werden konnten. Er führte fast 450 Flüge durch, in denen verschiedene Rotorstellungen sowie Übergänge vom Vertikal- in den Horizontalflug erfolgreich durchgeführt wurden. Mit dem Bell X-22A flog Mitte der 60er Jahren dann ein weiteres Kipprotor-Forschungsprojekt. Er besaß vier ummantelte Propeller, die komplett mit ihren integrierten Tragflächen gekippt werden konnten. Der erste Prototyp wurde bei einem Absturz zerstört und der zweite Prototyp führte erfolgreich Flüge im gesamten Schwenkbereich durch. Erst ein US Army/NASA Forschungsauftrag zur Entwicklung eines serienreifen Kipprotorflugzeuges brachte 1973 Geld für die endgültige Kipprotor-Entwicklung in die Kassen von Bell. Mit dem Bell 301 / XV-15 sollte konkret geprüft werden, ob und mit welchen Technologien ein Kipprotorflugzeug in Serie gebaut werden kann. Alle Truppengattungen hatten zwischenzeitlich vorsichtiges Interesse an einem Flugzeug angemeldet, das die Eigenschaften eines Hubschraubers mit der Geschwindigkeit eines Turboprop-Flugzeuges verbinden kann.

Doch neben der Möglichkeit des militärischen Einsatzes wurde Ende der 80er Jahre in einer Studie der amerikanischen Luftfahrtbehörde FAA, der NASA und des amerikanischen Verteidigungsministeriums auch der Einsatz von Kipprotorflugzeugen für den zivilen Markt untersucht. Dabei wurden fünf Varianten mit einer Kapazität von 8 bis 75 Sitzen vorgestellt. Die Studie zeigte einen großen zivilen Bedarf, vor allem im Zubringerverkehr zwischen Ballungszentren auf, wobei die Wirtschaftlichkeit durch die relativ hohe Reisegeschwindigkeit vor allem im Mittelstreckenbereich hervorgehoben wurde.

Bereits Anfang der 80er Jahre hatte sich auch die japanische Ishida Corporation mit Marktstudien für einen zivilen Tiltrotor beschäftigt. Die positiven Ergebnisse führten zum Entschluß, selbst ein ziviles Kipprotorprojekt zu entwickeln. Dazu wurde ganz in der Nähe von

Ab 2010 soll der Bell / Agusta Westland 609 als erstes Kipprotor-Flugzeug an zivile Kunden ausgeliefert werden.

Bell bei Fort Worth ein Entwicklungszentrum aufgebaut und die Entwicklung des TW-68 zügig vorangetrieben. Im Gegensatz zum V-22 sollten beim TW-68 die gesamten Tragflächen und nicht nur die Triebwerksgondeln gekippt werden. Die Auslegung mit vier Turbinen sollte für eine erhöhte Sicherheit sorgen. Der Preis sollte knapp über dem eines Turboprops aber noch unter dem eines Hubschraubers liegen, so daß der TW-68 auf Kurzstrecken sicherlich eine interessante Alternative für Luftfahrtgesellschaften gewesen wäre. Durch die Kompaktheit und das geringe Gewicht wäre der TW-68 für den Einsatz von den meisten bestehenden Heliports aus geeignet gewesen, so daß Ishida mit einem Absatz von 750 Maschinen bis zum Jahr 2005 gerechnet hat. Der Erstflug war für 1996, die ersten Auslieferungen für 1999 geplant. Mit dem Beginn der Mock-up-Entwicklung im Jahre 1993 wurde es jedoch leise um den TW-68. Da es sich bei der finanzierenden Ishida Foundation um eine Stiftung handelt, die nur die Forschung zum Fortschritt der Menschheit unterstützen, sich aber nicht an Unternehmen beteiligen darf, wurden Partner gesucht, um die Serienfertigung zu übernehmen. Obwohl es Interessenten gab, wurde offensichtlich kein Partner gefunden, denn vom recht vielversprechenden Projekt TW-68 war seither nichts mehr zu hören.

Das größte Konstruktionsproblem bei Kipprotor-Flugzeuges liegt im sich verschiebenden Auftrieb beim Übergang von der Hubschrauber- zur Flächenkonfiguration. Beim senkrechten Abheben wird der volle Auftrieb durch die Rotoren erzeugt. Im Vorwärtsflug sorgen die Rotoren als Propeller für den Vortrieb und die Tragflächen übernehmen den gesamten Auftrieb. In der Übergangsphase wird der Auftrieb in abnehmendem Maße vom Rotor und in zunehmendem Maße von der Trägfläche übernommen. Da sich die Anteile am Auftrieb während des Schwenkvorganges ständig ändern, erfordert diese Phase besondere Aufmerksamkeit in der Entwicklung. Bei Konstruktionen, bei denen nur die Triebwerksgondeln gekippt werden, wird ein Großteil des Rotor-Wirkungsgrades durch die Tragflächen verloren, die dem Rotorabwind »im Weg sind«. Deshalb wird bei manchen Projekten die gesamte Tragfläche geschwenkt. Das Schwenken der kompletten Tragfläche mit der Triebwerksgondel bringt jedoch einen vergrößerten Aufwand im Schwenkmechanismus und Probleme durch den sich ständig ändernden Angriffswinkel an den schwenkenden Tragflächen. Der militärische V-22 von Boeing und Bell wird nun bereits seit einigen Jahren an das amerikanische Miltär geliefert. Der Bell/Agusta Westland 609, der ab 2010 zugelassen werden soll, wird dann der erste zivile Kipprotor sein, der in Serienfertigung geht.

Der Hubschrauber wird im militärischen und zivilen Bereich für die unterschiedlichsten Aufgaben eingesetzt. Durch seine Fähigkeiten, von kleinsten Plätzen zu starten und zu landen, auf der Stelle zu schweben und Gegenstände und Personen über kurze und mittlere Distanzen schnell zu transportieren, ist er zum unverzichtbaren Helfer in abgelegenen und unzugänglichen Gebieten geworden. Da der Hubschrauber aber auch ein sehr teures Fluggerät ist, herrscht bei jedem Einsatz und vor allem bei Arbeitsflügen höchste Professionalität. Die folgenden Beobachtungen sollen einen Eindruck von den verschiedenen Einsatzmöglichkeiten des Hubschraubers vermitteln.

Präzision auf der Zugspitze

Das millimetergenaue Montieren von Lasten mit dem Hubschrauber ist nur eine Sache für eingefuchste Spezialisten. Wenn sich jede Sekunde die Windverhältnisse ändern können, die Lastengewichte buchstäblich am Limit schweben und sich alles dazu auf knapp 3000 Metern Meereshöhe abspielt, sind Pilot und Maschine aufs äußerste gefordert.

Der Hubschrauber ist ein Bell 205 A-1 der Firma Transportflug Wucher aus dem österreichischen Ludesch. Da die Maschine hauptsächlich in Gebirgsregionen eingesetzt wird, erhielt sie eine Honeywell T53-17-Turbine mit 1700 PS statt des serienmäßigen T53-13-Triebwerks. So lässt sich die Getriebeleistung von 1250 PS selbst bei extremen Temperaturen und in verschiedenen Höhenlagen voll nutzen.

Der Auftrag: Anfliegen und Montieren von vier Antennen und der dazugehörigen Unterbauten für die eine Fernmeldestation der amerikanischen Streitkräfte - insgesamt neun Flüge. Zwei Antennen müssen auf der Nord- und zwei auf der Südseite knapp unterhalb des Zugspitzgipfels auf 2964 Metern installiert werden. Es herrscht strahlend blauer Himmel über Garmisch-Partenkirchen und die Zugspitze zeigt sich in ihrer vollen Pracht. Professionell werden die Vorbereitungen getroffen, die Lasten gesichert und mit Seilen versehen. Erich Berger, Pilot des Bell 205 A-1, prüft anhand der Beschriftungen, ob keine der Lasten zu schwer ist. Bei optimalen Windbedingungen kann er bei der herrschenden Außentemperatur von 100C auf 3000 Metern Höhe 1214 kg an Außenlast transportieren. Nach Abschluß der Vorbereitungen läßt er

Aufnehmen eines Montageteils. Der Einweiser gibt dem Piloten Anweisungen per Funk.

Im Anflug.

das Triebwerk an und hebt seinen Bell vom Boden ab. Die erste Last wird angehängt und langsam steigt der Hubschrauber in Richtung Gipfel davon. Immerhin 15 Minuten dauert es, bis die Maschine wieder über dem Landeplatz einschwebt. Die zweite Last wird angehängt. Der Hubschrauber steigt langsam an, doch nach wenigen Sekunden dreht er in einer Kurve zum Landeplatz zurück. Mit Hilfe einer in der Maschine eingebauten Wiegevorrichtung erkennt Erich im Flug das genaue Gewicht seiner Last. Über Funk meldet er verärgert, daß die Stütze zu schwer ist. Hier im Tal kann der Hubschrauber das Gewicht problemlos heben, doch auf 3000 Metern Höhe würde er das zugelassene Limit überschreiten. Jetzt gilt es zu improvisieren. Während nun eine große Stahlleiter ihren Flug Richtung Gipfel antritt, wird alles an Werkzeug, Schraubenschlüsseln und Zangen angeschleppt, um die Stütze zu zerlegen und 400 kg abzubauen.

Die Stütze wird zwar leichter aber der ganze Organisationsplan gerät jetzt durcheinander. Statt in der richtigen Reihenfolge angeflogen und direkt montiert werden zu können, müssen nun alle Einzelteile zuerst auf einen Hilfslandeplatz 300 Meter unter dem Gipfel zwischengelagert werden. Danach nimmt sie der Hubschrauber wieder auf und hievt sie mit kurzen Anflugszeiten zur Baustelle.

Der Einweiser wartet bereits an der ersten Montagestelle auf der Nordseite Als erster Schritt soll ein fast 1200 kg schwerer Antennenmast unter eine Plattform gesetzt werden. Das Seil zwischen Hubschrauber und Last strafft sich. Der Hubschrauber müht sich sichtlich ab, das Teil anzuheben. Erich klinkt das Seil noch einmal aus, dreht die Maschine in die Gegenrichtung und startet einen neuen Versuch. Er zieht den Pitch langsam höher und versucht, alles aus dem Bell herauszuholen. Sein linker Fuß hält das Pedal fast bis zum Anschlag gedrückt. Langsam hebt die Last vom Boden ab. Mit seinem schweren Anhängsel schwebt der Hubschrauber auf die vorgesehene Stelle zu. Die Kommandos des Einweisers sind präzise: »Zehn vor, fünf vor, 15 hoch, zehn hoch, drei vor....« Millimeterarbeit. Erich hat nur Sicht über die beiden Außenspiegel. Die exakte Höhe kann er damit nicht einschätzen. Die Funkstimme ist eines seiner wichtigsten »Sinnesorgane«. Der Hubschrauber folgt der Stimme des Einweisers, als ob dieser selbst steuern würde. »Kontakt!« lautet das Kommando, auf das alle gewartet haben. Trotz kräftiger Böen steht der Hubschrauber ruhig über dem Antennenmasten. Kräftige Hände packen an, sichern den Mast mit Ketten und Haltegurten. Erich klinkt das Seil aus und sinkt steil hinab ins Tal. Obwohl die ganze Montage nur wenige Minuten gedauert hat, muß er wieder auftanken: Im Montageflug verbraucht der Hubschrauber 320 Liter Kerosin in der Stunde. Um Gewicht zu sparen, wird aber nur für 40 Flugminuten aufgetankt, zehn Minuten Reserve mit einberechnet. Abzüglich der Flugzeit zum Gipfel bleiben gerade mal 15 Minuten für die eigentliche Arbeit.

Spitzenleistung: Absetzen einer Last am Zugspitzgipfel.

In 180 Flugminuten Gesamtflugzeit ist Erich insgesamt 14 Mal vom Tal und vom Zwischenlandeplatz aus zum Gipfel geflogen, was einer durchschnittlichen Flugzeit von knapp 13 Minuten pro Rotation entspricht. Die neun Transportflüge vom Tal und die beiden Tankflüge dauerten allein schon je 15 Flugminuten. Begreiflich, daß Geschwindigkeit oberstes Gebot in diesem Geschäft ist. Bei über 3000 Euro pro Flugstunde darf dies der Kunde wohl auch erwarten.

Die schnelle Hilfe aus der Luft

Am Ort des Geschehens. Von entscheidender Bedeutung ist die schnelle Erstversorgung von Unfallopfern, erst in zweiter Linie ihr rascher Abtransport.

Wir sind zu Gast im Luftrettungszentrum Leonberg bei Stuttgart und beleiten eine Rettungsmannschaft während eines normalen Arbeitstags. Direkt hinter dem Kreiskrankenhaus liegt der Hangar mit angegliederten Bereitschafts-, Ruhe- und Sanitärräumen. Nur wenige Meter von ihrem rot-weissen BK 117 entfernt sitzen drei Männer in orangefarbenen Overalls am Tisch und spielen Skat. Pilot Theo Welz, der leitende Notarzt Oberarzt Dr. Klaus Geitner und Rettungssanitäter Pit Micheel taktieren um Punkte. Plötzlich durchdringt ein grelles Piepsen den Raum: »Einsatz für Christoph 41 - Unfall auf der B 27 Höhe Echterdingen...«.

In den letzten Jahren bemühen sich immer mehr Länder um den Aufbau eines organisierten Luftrettungsnetzes. Das Ziel: Effektive Versorgung und Evakuierung von Unfallopfern. Der schnelle Transport eines Notarztes zum Unfallort und die damit beginnende qualifizierte präklinische Versorgung sind entscheidend für Überlebenschance, Abwendung von Spätschäden und den Verlauf der Heilung. Immerhin wird - statistisch gesehen - mit jeder Minute, die der Notarzt schneller beim Unfallopfer eintrifft, die Sterblichkeitsrate um 1% gesenkt. Die deutschen Luftrettungsstationen bewahren täglich, fast unbemerkt von der Öffentlichkeit, Dutzende von Menschen vor dem Tod oder vor schweren Spätschäden.

Noch bevor die Meldung vollständig durch ist, lässt Theo Welz den BK 117 an. Dr. Geitner strebt mit langen Schritten dem Hubschrauber zu. Pit Micheel, der während des Anflugs für die Navigation zuständig ist, notiert sich eben noch die genaue Ortsangabe und eilt dann zum Hubschrauber Er zieht den Stecker der externen Anlaßeinheit und steigt ein. Keine 90 Sekunden nach dem Alarm steigt der BK 117 über die Felder in südöstliche Richtung in die Höhe. Die Leitstelle git genauere Angaben durch: »Leitstelle Böblingen für Christoph 41. Unfall auf B 27 Richtung Tübingen. Hinter der Ausfahrt Leinfelden-Süd Unfall mit einem Schwerverletzten. RTW und Polizei vor Ort.«

Schon aus der Ferne blinken Blaulichter. Mehrere Rettungs- und Polizeifahrzeuge stehen auf der Fahrbahn. Theo Welz setzt die Maschine nur wenige Meter von dem Verletzten entfernt auf einer Wiese auf. Ein Polizist sorgt dafür, daß niemand den Rotoren zu nahe kommt. Dr. Geitner läuft zum Verletzten. Pit Micheel folgt mit dem Notfallkoffer. Der eingespielte Trupp beginnt mit der Notfallversorgung: Während Pit Micheel die Infusion vorbereitet, stellt Dr. Geitner eine erste Diagnose. Der Arbeiter wurde während Straßenmarkierungsarbeiten auf der Schnellstrasse von einem LKW erfasst und zu Boden geschleudert. Die Folge: Innere Blutungen, mehrfache Brüche und Schädel-Hirn-Verletzungen. Nach ersten Hilfsmaßnahmen wird er vorsichtig in den Rettungswagen gelegt, um ihn den neugierigen Blicken von Schaulustigen zu entziehen. Nach Herstellung der Transportfähigkeit entscheidet Dr. Geitner den Transport per Hubschrauber in die Universitätsklinik Tübingen. Nach Übergabe des Patienten an die Klinik startet die Maschine zum Rückflug ins Luftrettungszentrum. Die Besatzung meldet sich bei der Leitstelle wieder einsatzklar, um gegebenenfalls noch auf dem Rückflug einen weiteren Einsatz übernehmen zu können.

Um Mißverständnisse auszuräumen: Der Hauptzweck des Rettungshubschraubers ist nicht der schnelle Abtransport eines Patienten ins Krankenhaus, sondern das rasche Heranbringen des Notarztes an den Unfallort. Denn die Dauer des sogenannten therapiefreien Intervalls, d.h. des Zeitraumes zwischen Unfall und der ersten ärztlichen Versorgung ist entscheidend für den Verletzten. Und genau hier, im Faktor Zeit, liegt der entscheidende Vorteil des Hubschraubers gegenüber dem bodengebundenen Rettungsdienst. Außerdem können die Patienten über größere Distanzen schonend in eine Spezialklinik transportiert werden. In 40% der Fälle wird der Patient nach Herstellung der Transportfähigkeit jedoch nicht mit dem Hubschrauber, sondern mit einem Rettungswagen ins nächste geeignete Krankenhaus gefahren. Denn der Hubschrauber soll ja schnellstmöglich für weitere Einsätze zur Verfügung stehen.

Noch weitere zwei Male wird Christoph 41 an diesem Tag alarmiert und beide Male ist der Hubschrauber in wenigen Minuten am Unfallort, um schnelle Hilfe zu bringen. Über 1000 solcher Einsätze fliegt jeder deutsche Rettungshubschrauber im Jahr.

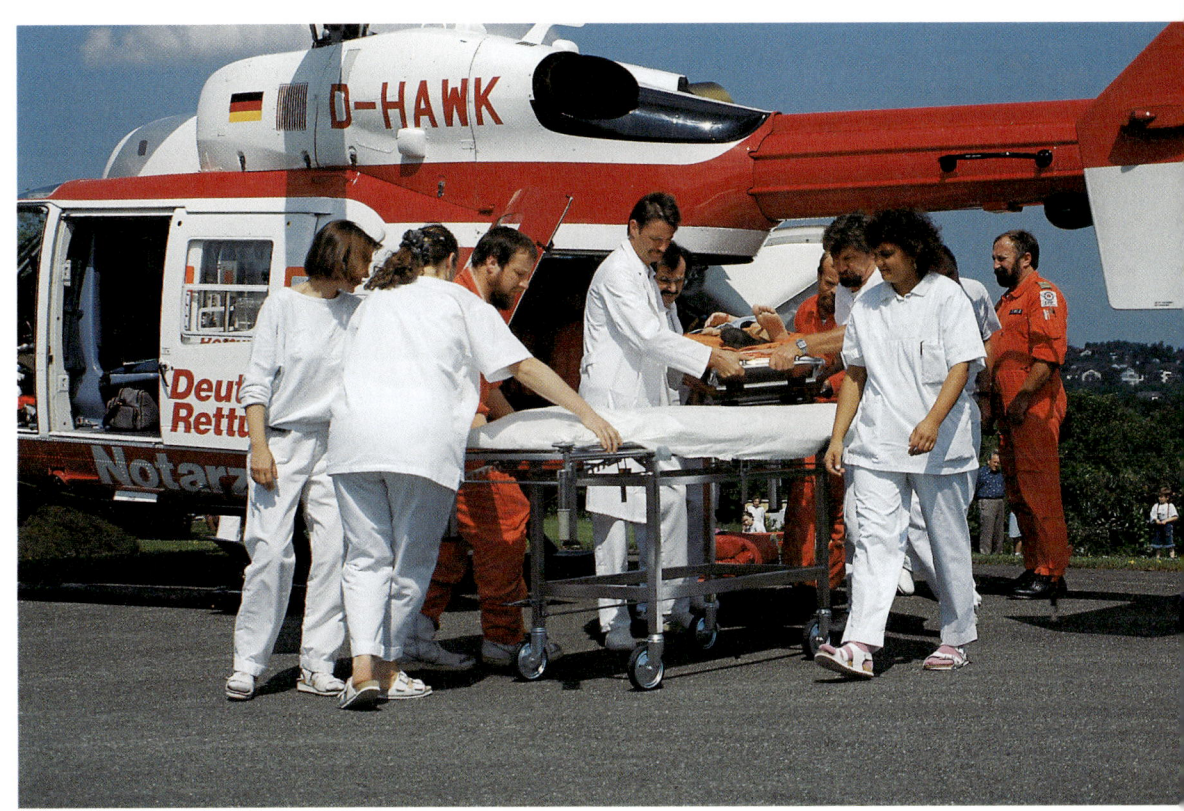

Notarzt und Rettungssanitäter bereiten den Lufttransport eines Unfallopfers vor.

Und jedes Mal geht es um die Gesundheit oder das Leben von Menschen. In den meisten Fällen sind die fliegenden Retter erfolgreich. Erfolge, die großen finanziellen Aufwand und viel persönliches Engagement erfordern. Doch der Einsatz wird belohnt: Mit der Gewissheit, Menschen in Not geholfen zu haben.

Der Weg zum Pilotenschein

Die meisten Flugschulen betreiben auch einen gewerblichen Flugbetrieb, in dem auch größere Maschinen eingesetzt werden.

Fast allen, die von Hubschraubern fasziniert sind, ging schon mindestens einmal der Gedanken durch den Kopf: Wie wäre es wohl, wenn ich so eine Maschine selbst fliegen könnte?

Wer sich mit dieser Frage genauer auseinandersetzt, findet heraus, dass es eine Vielzahl von Wegen gibt, wie man Hubschrauberpilot werden kann. Zuerst stellt sich natürlich die Frage, was man mit der Pilotenlizenz vor hat. Wer nur ab und zu zum Spaß fliegen möchte, der kann zu einer Flugschule in Deutschland, der Schweiz, Österreich oder in den USA gehen und sich für eine Privatpilotenlizenz anmelden. Je nach verfügbarer Zeit dauert es zwischen wenigen Wochen und zwei Jahren, bis man nach erfolgter Ausbildung die Berechtigung hat, einen Hubschrauber zu steuern. Nur Geld verdienen darf man mit dieser Lizenz nicht.

Wer mit der Fliegerei seinen Lebensunterhalt verdienen möchte, der braucht einen Berufspilotenschein. Leider ist es bei Hubschraubern anders als bei den Linienmaschinen. Hier gibt es keine Firmen, die einem die Ausbildung vorfinanzieren. Den Flugschein bezahlt nur das Militär oder die Polizei, wobei hier das Berufsbild des Soldaten bzw. Polizisten im Vordergrund steht und nicht das des Piloten. Beides ist eine Lebensaufgabe und kann nicht als günstiger Weg zur Lizenz angesehen werden.

So bleibt nur der Weg, die Lizenz auf privatem Weg zu machen. Es gibt Schulen in Europa, die eine Berufspilotenausbildung anbieten. Um nach der Ausbildung einen Beruf zu bekommen, ist es aber entscheidend wichtig, mindestens 1000 Stunden Flugerfahrung mitzubringen. Das gelingt einem bei einer Ausbildung in Europa im Allgemeinen nicht. Deshalb hat sich die Ausbildung in USA bewährt. Es gibt 3 Schulen, die ein Visum anbieten, mit welchem man zwei Jahre lang in den USA bleiben darf, um dort die Ausbildung zu machen und dann auch noch dort zu arbeiten. Üblicherweise dauert es 6-9 Monate, bis man die Berufspiloten- und die Fluglehrerlizenz gemacht hat, so dass man in der restlichen Zeit die erforderliche Flugerfahrung sammeln kann. Um dann in Europa fliegen zu dürfen, muss die Lizenz anschliessend umgeschrieben werden, was jedoch weniger Aufwand bedeutet, als die Lizenz gleich hier zu erwerben.

Die Ausbildung zum Hubschrauberpiloten ist durchaus anspruchsvoll, aber mit einem guten Maß an Interesse zu bewältigen. Wegen des instabilen Flugverhaltens eines Hubschraubers zweifelt man am Anfang der praktischen Schulung, dass man die Steuerung jemals beherrschen kann. Erstaunlicherweise dauert es dann aber nur 5-10 Flugstunden, bis der Flugschüler ein gutes Grundgefühl entwickelt. Je nach Talent ist man nach einer gesamten Ausbildungszeit von 45-60 Flugstunden dann bereit zur Prüfung.

Während der Ausbildung muss der Flugschüler auch Navigationsflüge ohne Lehrer durchführen.

Die theoretische Ausbildung beschäftigt sich sehr fundiert mit den technischen und physikalischen Grundlagen, Wetter, den Lufträumen, Sprechfunk und dem menschlichen Leistungsvermögen. Es ist von Vorteil, die englische Sprache zu können. Da der Sprechfunkverkehr in Deutschland, Österreich und der Schweiz auch in Deutsch durchgeführt werden darf, kann der Pilotenschein jedoch auch ohne englische Sprachkenntnisse erworben werden.

Vor Beginn einer Ausbildung muss die fliegerärztliche Tauglichkeit untersucht werden, wobei Fehlsichtigkeit meist kein Problem darstellt, so lange sie korrigiert werden kann. Nur die sogenannte »Rot-Grün-Blindheit« und kardiologische Probleme sind fast immer Ausschlusskriterien für die Fliegertauglichkeit.

Der Beruf des Hubschrauberpiloten übt für viele Leute eine große Faszination aus. Allerdings müssen die Vor- und Nachteile gut abgewogen werden, da die finanzielle Investition erheblich ist und der Arbeitsmarkt und die Verdienstmöglichkeiten nicht so

Auch die Gebirgsausbildung ist ein wichtiger Bestandteil der Ausbildung in Amerika.

rosig sind, als dass diese Investition schnell wieder verdient werden kann.

Mehr Informationen zum Thema:
www.wie-werde-ich-pilot.de
www.helischein.de

In den ausgedehnten Waldgebieten Oregons lassen sich auch Landungen in engen Lichtungen üben.

Vor jedem Flug wird ausführlich kontrolliert, ob der Hubschrauber flugtüchtig ist.

Der Robinson R 22 ist ein beliebter Hubschrauber für die Anfängerschulung.

Nach erfolgreicher Pilotenausbildung steigen viele Piloten auf Turbinenhubschrauber um.

Außenlandung auf einem Plateau vor der Kulisse des vulkanischen Mount Hood in Oregon.

In amerikanischen Flugschulen können angehende Berufspiloten in kurzer Zeit viel Flugerfahrung sammeln.

Starker Einsatz im Kaukasus

Die schier unermeßlichen Weiten des Ostens, seine dünne Besiedlung und die Natur des Landes stellten an Verkehr- und Transportmittel seit jeher besondere Anforderungen. Dies erklärt, warum dem Hubschrauber im ehemaligen Sowjetreich eine außerordentliche Bedeutung zugemessen wurde – und noch wird. Die staatlichen russischen Konstruktionsbüros entwickelten speziell für Arbeitseinsätze eine Reihe von Schwerlasthubschraubern. Ihr gewaltigster Vertreter, der riesige Mi-26, ist mit Abstand der größte in Serie gefertigte Hubschrauber der Welt.

Die Kleinstadt Lazarevskoe liegt am Schwarzen Meer, das bekanntlich zu den beliebtesten Urlaubszielen der GUS-Bürger gehört. Wenige hundert Meter vom Ortskern, ein paar Schlaglöcher von der Markthalle entfernt, befindet sich die Schwarzmeerbasis der in Krasnodar beheimateten Hubschrauberfirma NPO PANH GA. Die Bezeichnung Schwarzmeerbasis scheint ein wenig übertrieben: Auf einer großen Wiese parkt ein abgehalfterter Tankwagen. Daneben steht die Einsatzzentrale: Ein Bauwagen aus Blech, der als Flugplanungs- und Aufenthaltsraum dient. Ein kleiner rostiger Tankwagen stellt die Frischwasserversorgung dar. Bei Temperaturen um die 25O C im Schatten eigentlich keine schlechte Sache, doch ein Großteil des Wassers tropft binnen Stunden aus einem Leck und schleicht als Rinnsal in die Wiese.

Auf dem Landeplatz herrscht hektische Betriebsamkeit. Ein Mi-17 schwebt heran und bringt Ersatzteile für einen Kamov Ka-32, der mit geöffneten Wartungsklappen kommender Reparaturen harrt. Ein anderer Mi-17 läßt eben seine Triebwerke an. Beherrscht wird die Szene jedoch von einem Mi-26-Riesen, an dem drei Mechaniker gerade die Vorflugkontrolle durchführen. Chefpilot Igor Karatschitsch und seine vierköpfige Besatzung (Copilot, Navigator, Bordmechaniker und Lademeister) haben gerade die Pläne für den heutigen Tag durchgesprochen und machen sich auf den Weg zu ihrer Maschine.

Trotz seiner gewaltigen Ausmaße erscheint der Mi-26 aus der Ferne gar nicht so gigantisch. Seine elegante Formgebung läßt ihn als gedrungenes »Mittelformat« erscheinen. Doch mit jedem Schritt, den man näher kommt, wirkt er imposanter. Unmittelbar vor dem Monstrum stellt man Vergleiche an: Das Rad des Hauptfahrwerks reicht bis in Brusthöhe und der Heckrotor könnte mit den Hauptrotoren mancher Kleinhubschrauber konkurrieren. Wie bei Flugzeugen ist der Einstieg in den Rumpf nur über eine Klapptreppe möglich.

Als erster Einsatz des Tages soll ein befüllter Tank-LKW ins 20 Flugminuten entfernte Shaumian geflogen werden. Der LKW wird nicht etwa als Außenlast unter den Rumpf gehängt. Er fährt einfach über die Heckrampe in den Laderaum. Auf den Millimeter genau weist der Lademeister den Fahrer ein. Um den LKW herum bleibt dabei immer noch so viel Platz, wie im gesamten Laderaum eines »normalen« Hubschraubers. Mit schwerem Spannzeug wird der LKW an den Befestigungspunkten im Rumpfboden verzurrt.

Im geräumigen Cockpit des Mi-26 – der Arbeitsplatz von Pilot, Copilot, Navigator und Bordmechaniker.

Der Tanklaster rollt in den Bauch des Mi-26.

Nachdem der Lademeister die Heckklappe verschlossen hat, wirft der Pilot die über 20.000 PS der beiden Lotarev-Triebwerke an. Gewaltiges Getöse dringt in den Laderaum. Doch im Cockpit ist kaum etwas davon zu hören: Druckbelüftung und Schallisolierung dämpfen den ohrenbetäubenden Lärm der startenden Triebwerke. Und die Klimatisierung sorgt für angenehme Temperaturen. Fast leichtfüßig hebt der Mi-26 mit seiner schweren Last ab. Bei einer Zuladung von 13 Tonnen beträgt das Abfluggewicht gerade einmal 49 Tonnen, sieben Tonnen weniger als das maximal zulässige Abfluggewicht.

Mit überraschender Steiggeschwindigkeit klettert die Maschine entlang den Hängen des Vorkaukasus in die Höhe. Chefpilot Igor schildert uns voller Stolz die Schönheit der Natur und erzählt von Braunbären, Hirschen und Luchsen. Bis zum Horizont erstreckt sich ein unendlicher Wald. Ein Denkmal auf einem Gipfel markiert die Stelle, bis zu der deutsche Soldaten im 2. Weltkrieg vorgedrungen sind. In einer Entfernung von ungefähr einem Kilometer taucht eine riesige Lichtung auf – die Baustelle. Am Rand eines Pfefferminzfeldes setzt Igor den Mi-26 zwischen abgestellten Radladern und Bauhütten auf. Die Crew stellt die Triebwerke ab, der Tanklaster wird ausgeladen. Er räumt sein Lastvolumen für eine 15 Tonnen-Planierraupe, die auf einer 16 Flugminuten entfernten Baustelle gebraucht wird. Die Maße der Raupe verlangen ihre Beförderung als Außenlast. Mit Ketten und Seilen wird die Baumaschine vertäut und das 20 Meter lange Stahl-Transportseil gehängt. Igor läßt die Triebwerke auf Touren kommen. Die Heckrotorwelle, die an der Decke offen durch den Laderaum führt, gibt ein schrilles Pfeifen von sich. Langsam hebt die Maschine ab und steigt zentimeterweise, bis das Stahlseil gestrafft ist. Dieser Moment ist besonders kritisch: Eine zu große Steiggeschwindigkeit und ein ruckhaftes Straffen des Seiles würde die Struktur des Hubschraubers erheblich belasten. Millimeterweise hebt Igor die Maschine an und fast übergangslos steigt die schwere Raupe in die Luft. Durch die aufklappbaren Fenster läßt sich beobachten, wie die Raupe 20 Meter unter dem Hubschrauber über den grünen Bergwald huscht.

In regelmäßigen Abständen sind Lichtungen in den Wald geschlagen, auf denen je drei Hochspannungsmasten ragen. Igor erzählt, daß hier eine neue Hauptversorgungsleitung gebaut wird, was ohne Hubschrauber schlicht nicht machbar gewesen wäre. Der Aufwand ist enorm. Jede Maschine, jedes Werkzeug und sämtliches Baumaterial muß über die Luftbrücke eingeflogen werden.

In einer Talsenke taucht eine kleine Lichtung auf – die Baustelle, auf die die Planierraupe gebracht wird. Igor fliegt eine Kurve, um sich und der Crew einen Überblick zu verschaffen. Sehr, sehr langsam sinkt der Hubschrauber zwischen den Bäumen hinunter. Es wird eng, denn der Hauptrotor braucht auf beiden Seiten fast 20 Meter Platz. Die Bäume biegen sich unter dem enormen Abwind. Die Baumkronen sind zum Greifen nahe. Die gesamte Besatzung schaut gespannt nach außen, um mögliche Gefahren frühzeitig zu erkennen. Kaum steht die Raupe auf dem Boden, wird sie ausgeklinkt und im Steigflug geht es wieder in Richtung Schwarzes Meer.

Das nächste Ziel ist jedoch nicht Lazarevskoe, sondern ein »Mastenlager«, wo riesige Hochspannungsmasten montiert und gelagert werden. Zwölf Masten sind vormontiert, jeder an die zehn Tonnen schwer. Igor nimmt über Funk Kontakt mit dem Einweiser auf. Die ersten Masten sind vorbereitet. Ein kurzer Schwebeflug über der Stahlkonstruktion, langsames Anheben und schon hängt der erste Mast am Zwölfmeter-Seil. Langsam steuert der Mi-26 auf die Baustelle zu, wo einige Arbeiter den Hochspannungsmasten erwarten.

Der Masten soll direkt auf das vorbereitete Fundament gesetzt werden. Igor läßt die Maschine ganz langsam absinken, doch der Mast fängt an, sich um die eigene Achse zu drehen. Er zieht die Maschine wieder hoch und fliegt eine langsame Runde, um den Mast zu stabilisieren. Beim zweiten Anflug wird das Hauptproblem des Mi-26 deutlich: Das Cockpit liegt rund zehn Meter vor dem Lasthaken, so daß ein direkter Blick auf die Außenlast nicht möglich ist. Deshalb befindet sich im Cockpit ein Monitor, auf den wahlweise drei Videokameras aufgeschaltet werden können, die unter der Nase, am Lasthaken und am Heck angebracht sind. Der Lademeister hat im Frachtraum durch eine Bodenluke zusätzlich direkte Sicht auf den Lasthaken und kann sich per Funk mit dem Piloten verständigen. Der zweite Anflug ist perfekt. Die Bauarbeiter drehen den Masten mit den an den Ecken befestigten Leinen in die richtige Position und milimetergenau sinkt das tonnenschwere Ungetüm auf sein Fundament.

Jeder Anflug bedeutet für die Besatzung äußerste Anspannung. Denn die Firmenleitung nimmt die Verursacherhaftung wörtlich. Für sämtliche Schäden, die an der Maschine oder an der Last entstehen, müssen Pilot und Crew bezahlen. Die Versicherungsprämien werden von der galoppierenden Inflation überholt, so daß die Hubschrauber ständig unterversichert sind. Die Firma stellt nur ehemalige Testpiloten ein, echte Profis, die entsprechend bezahlt werden. Da werden an den Umgang mit der Ausrüstung besondere Ansprüche gestellt. Die Firmenleitung kann zufrieden sein. Bis zum frühen Nachmittag stehen elf weitere Hochspannungsmasten, doch Igor und seine Mannschaft werden in ihrem Arbeitseifer gebremst. Der Montagetrupp, der die Masten zusammenbaut, ist nicht schnell genug, so daß der Mi-26 zur Basis zurückfliegen muß. Eine Tatsache, die bei der Mannschaft nicht gerade auf großen Widerstand stößt. Denn nach der Landung geht es von der Basis aus direkt zum Sandstrand des Schwarzen Meeres.

Hochspannungsmast am Schwerlasthaken.

Fliegende Bäume über Oregon

In den USA ist der Einsatz von Hubschraubern so selbstverständlich wie in wenigen anderen Ländern. Aufgrund der großen Distanzen und der relativ niederen Bevölkerungsdichte werden viele Aufgaben mit Hubschraubern gelöst. So auch im Pazifikstaat Oregon, der eine ähnliche Fläche hat wie die alten Bundesländer Deutschlands, aber nur etwa ein

Im Basislager: Vorne ein MD Helicopters 500 D, hinten ein startender Boeing Vertol 107.

dreißigstel der Einwohnerzahl. Ein Großteil der Fläche wird forstwirtschaftlich genutzt. Die in Aurora bei Portland beheimatete Firma Columbia Helicopters hat sich darauf eingestellt - sie betreibt Columbia Vertol 107, Columbia 234 Chinook und Erickson S-64-Hubschrauber -die grösste Flotte an Schwerlasthubschraubern in der westlichen Welt.

Um zum Basislager dieses Einsatzes zu kommen, muß man vom kleinen Örtchen Selma 15 km weit über kleine geschotterte Waldstrassen fahren. Den entgegenrasenden Holzlastern, die man nur an den Staubwolken über dem Wald entgegenkommen sieht, sollte man rechtzeitig ausweichen, denn sie sind bis an den Rand mit fast 30 Tonnen Holz beladen und rasen mit hoher Geschwindigkeit auf Schotterwegen den Berg hinunter.

Das Basislager ist mit europäischen Verhältnissen überhaupt nicht zu vergleichen. Wo in Europa einzelne Hubschrauber eingesetzt werden, arbeiten hier gleich drei Hubschrauber an einem Waldstück. Ein MD Helicopters 500 D dient als Supporthubschrauber, ein Columbia 234 Chinook fliegt die großen Stämme und ein Columbia 107 die kleinen »Logs«.

Schon früh am Morgen kommt Leben ins Lager. Die Piloten des Chinook starten ihre Honeywell-Turbinen, gefolgt vom pfeifenden Lärm der startenden Columbia 107. Die Waldarbeiter haben sich schon ein bis zwei Stunden früher auf den Weg gemacht, um an die entsprechenden Positionen im Wald zu kommen. Der Chinook startet und bringt kurze Zeit später die ersten Stämme an. Mit einem dumpfem Geräusch setzen sie auf dem Holzplatz auf. Der Pilot legt den Stamm ab und klinkt das Seil aus. Zwei riesige Radlader verladen je vier bis fünf Stämme auf einen Truck, der dann Richtung Tal losfährt. Jeder dieser Stämme hat zwischen fünf und acht Tonnen Gewicht. Bei der nächsten Rotation tut sich der Chinook besonders schwer. Man sieht genau, wie die Piloten gegen die Schwerkraft kämpfen, die den Stamm mitsamt der Maschine nach unten zieht. Der Stamm ist fast über die Bäume am Rand des Holzplatzes weg, da kracht es fürchterlich. Die ganze Maschine bebt. Die Spitze einer riesigen Kiefer knallt zu Boden. Der riesige Stamm zieht die Maschine langsam nach unten. Er setzt etwas unsanft auf dem Holzplatz auf und nun kann man die ganze Dimension des Baumes voll erkennen. Er hat 2,40 Meter Durchmesser und ist so schwer, daß selbst der Chinook an seine Grenzen stößt. Das bedeutet, er wiegt fast 13 Tonnen.

Drei verschiedene sich ergänzende Hubschraubertypen setzt Columbia Helicopters bei einem solchen

Auftrag ein. Der Chinook fliegt grosse Stämme, die zu Bündeln mit ungefähr 12 Tonnen zusammengefasst werden, während der Columbia 107 die kleineren Holzbündel transportiert, die der Chinook zurückläßt. Der kleine MD Helicopters 500 ist nur dazu da, Aufseher oder Waldarbeiter in den Wald zu bringen. Ausserdem bringt er die Seile des Chinook in den Wald zurück, da die Flugzeit des Chinook dafür viel zu teuer ist.

Noch immer kämpft Columbia Helicopters mit dem schlechten Ruf, der dem Chinook durch den Absturz in der Nordsee anhaftet, bei dem 1986 45 Menschen ums Leben gekommen sind. Dabei hat es keinerlei Unfälle mehr gegeben, seit Columbia die verbleibenden Chinooks Ende der 80er Jahre aufgekauft hat. Und Logging ist die härteste Belastung, die es für einen Hubschrauber gibt. Drei- bis vierminütige Rotationen, Leergewicht beim Hinflug, maximale Nutzlast beim Rückflug und das meist bei Staub, in grossen Höhen und bei hohen Temperaturen. Anfänglich traten Probleme mit den Turbinenhalterungen, dem Getriebe und der Ölkühlung auf. Doch in Zusam-

Der Boeing Vertol 107 bringt Holz heran. Ein Radlader wartet, um den Stamm auf den Langholz-Truck (links) zu hieven.

Pilot und Einweiser vor ihrem MD Helicopters 500, der Arbeiter und Seile in den Wald fliegt.

menarbeit mit Boeing Helicopters wurden die Schwachstellen verstärkt und die Probleme waren verschwunden. Besonders stolz ist Columbia Helicopters auf den hohen Bereitschaftsgrad ihrer Maschinen. Obwohl die Hubschrauber jeden Tag in zwei Schichten mit je sechs Stunden geflogen werden, mußte noch nie eine Maschine wegen Wartungsarbeiten am Boden bleiben, denn alle Reparaturen und Wartungen werden nachts oder am Wochenende ausgeführt.

Um einen Auftrag zur vollen Zufriedenheit des Kunden auszuführen, betreibt Columbia Helicopters einen erheblichen Aufwand. Bei diesem Einsatz stehen allein für den Chinook vier Piloten, ein zwölf Meter langer Truck mit Ersatzteilen, sieben Wartungstechniker, fünf Fahrer und 30-40 Waldarbeiter zur Verfügung. Dazu kommen vier Piloten, vier Wartungsspezialisten, drei Fahrer und 15-20 Waldarbeiter für den Columbia 107 und sowie fünf bis zehn Leute für die Organisation. Entsprechend beeindruckend ist das Ergebnis. Ungefähr fünfzehn Trucks pendeln den ganzen Tag zwischen dem Landeplatz und dem Sägewerk, nur um die Stämme wegzuschaffen, die die Columbia-Crew aus dem Wald herausbringt.

Arbeitsgespann: Der Chinook »rückt« die Stämme zum Verladeplatz, der Langholztransporter übernimmt und bringt sie zum Sägewerk.

Hüttenversorgung im Allgäu

Wo immer Menschen im Gebirge leben, gibt es die verschiedensten Transportaufgaben, die mit effizienten Transportmitteln gelöst werden müssen. Weltweit hat sich hier der Hubschrauber als das perfekte Arbeitsgerät bewiesen. So natürlich auch in den Alpengebieten Deutschlands. Die in der Nähe von Heilbronn beheimatete Firma Helix Fluggesellschaft ist auf Arbeitsflüge spezialisiert und betreibt eine Flotte von sechs Eurocopter AS 350 Ecureuil-Hubschraubern. Im Sommer ist eine Maschine dauerhaft in Sonthofen im Allgäu stationiert, um schnell auf Kundenanfragen reagieren zu können. »Im Allgäu gibt es recht viele kurze Flüge« so Achim Widmann, Geschäftsführer der Helix, der selbst seit über 30 Jahren fast täglich im Hubschrauber unterwegs ist. »Es gibt hier wenige Projekte, die so groß sind, dass wir mehrere Tage lang an einer Stelle arbeiten. Dafür gibt es viele Aufträge, bei denen zwischen einer und zehn Lasten von einem Ladeplatz aus zu fliegen sind. Deshalb müssen wir sehr schnell und flexibel auf die Bedürfnisse unserer Kunden reagieren können.«

Ein Großteil der Flüge dient der Versorgung und dem Umbau von Alm- und Berghütten. Alles, was auf einer Hütte an Proviant oder Baumaterial benötigt wird, muss entweder zu Fuß oder mit Tieren transportiert werden. Und da der Fortschritt auch vor den Almen nicht halt macht, wird hier seit Jahren verstärkt mit Photovoltaikanlagen Strom produziert. Der Transport des schweren, sperrigen und zerbrechlichen Baumaterials am Boden wäre hier viel zu auf-

Der AS 350 B3 Ecureuil ist das perfekte Arbeitsgerät in den Bergen.

Verstauen von Seilen auf einem Zwischenlandeplatz. Und weiter geht's zum nächsten Umlauf.

wändig. Da ein Flug mit einem Hubschrauber meist nur wenige Minuten dauert und dabei der gesamte Baustellenbedarf oder die Grundversorgung für mehrere Monate transportiert werden kann, lohnt sich der Einsatz des Hubschraubers. Trotzdem ist das Fliegen nicht gerade günstig und da sich der Anflug für einen einzelnen Kunden nicht lohnt, tun sich meistens mehrere Almen zusammen und der Hubschrauber fliegt dann von einer Sammelstelle jeweils eine oder mehrere Lasten an verschiedene Hütten.

Die Versorgungsgüter für einen ganzen Sommer werden mit zwei Flügen auf die Alm gebracht.

In Steibis musste der alte Lift einer modernen neuen Seilbahn weichen.

Aber auch der Auf- und Abbau von Skiliften und die Versorgung der dauerhaft bewirtschafteten Hütten des Alpenvereins gehören zu den täglichen Aufgaben der Helix-Piloten. Ob Waltenberger Haus, Rappensee-Hütte oder die Mindelheimer Hütte – die Bergtouristen erwarten auch hier eine gute Infrastruktur, so dass der Hubschrauber hier regelmäßig Versorgungsflüge macht.

Udo Ramm fliegt seit mehreren Jahren für die

Helix und kennt fast jeden Landeplatz im Allgäu. »Das schöne bei unserer Fliegerei ist, dass jeden Tag die unterschiedlichsten Aufgaben auf mich warten. Da wir selten einen oder mehrere Tage lang für dasselbe Projekt fliegen, kommt nie Langeweile auf.«

Im Allgäu setzt die Helix hauptsächlich einen ihrer beiden AS 350 B3 ein, das stärkste Modell der Ecureuil-Familie. »Für die Berge gibt es keinen besseren Hubschrauber als den B3« sagt Gustl Baumm, einer der erfahrensten Piloten in Deutschland, der in seinem Fliegerleben schon alle möglichen Hubschraubermodelle geflogen hat. »Der B3 ist extrem pilotenfreundlich, wendig und hat unglaublich viel Power. Im allgemeinen fliegen wir hier in Höhen zwischen 1500 und 2500 Metern und können dabei Lasten mit bis zu 1100 kg Gewicht transportieren. Die Landung eines AS 350 B3 auf dem Mount Everest hat gezeigt, dass es keinen besseren Hubschrauber für die Berge gibt.«

Getankt wird vor Ort, um möglichst viel Last transportieren zu können.

Obwohl Gustl Baumm schon seit mehr als 30 Jahren im Allgäu unterwegs ist, geniesst er es immer wieder auf's Neue. »Es gibt schöne und schönere Flüge« sagt er mit einem Lächeln. »Wenn ich den ganzen Tag im Flachland Raps sprühe oder den Wald kalke, dann steht eher die Geschwindigkeit und Effizienz jeder einzelnen Rotation im Vordergrund. Aber hier im Allgäu ist die Landschaft einfach traumhaft, es ist fliegerisch anspruchsvoll und macht Spaß, wenn man immer wieder die gleichen Leute trifft, für die man seit Jahrzehnten fliegt.«

Gerade für erfahrene und mit dem Gelände vertraute Piloten gibt es in den Bergen allerdings eine besondere Gefahr. Oftmals ist es üblich, Seile und Leitungen über Täler zu spannen, um Lasten zu verziehen. Die Seile müssen nicht registriert werden und sind deshalb oft nicht bekannt. Vom Hubschrauber aus sind sie bei bestimmten Lichtverhältnissen nicht zu erkennen und stellen deshalb eine besondere Gefahr dar. »Wir schulen zwar alle unsere Piloten regelmäßig« so Achim Widmann »Auch nutzen wir alle verfügbare Informationen und bereiten diese Einsätze mit besonderer Sorgfalt vor. Doch jeder, der in den Bergen fliegt ist sich dieser Gefahr bewusst. Und bei aller Aufmerksamkeit bleibt natürlich ein Restrisiko.«

Über Funk wird der Pilot milimetergenau eingewiesen.

CHINA

Der schwerbewaffnete Mi-171 wurde Ende der 90er-Jahre in großer Zahl an China geliefert.

China

Die chinesische Hubschrauberindustrie hatte jahrzehntelang keine eigene Identität. In den Jahren 1959 bis 1961 wurden in Harbin in kommunistischer Brüderlichkeit über 1000 Stück des russische Mi-4 als Z-5 in Lizenz gebaut. Einige davon wurden später mit Pratt & Whitney PT6T-6 Turbo Twin Pacs umgerüstet und unter dem Namen »Syuan Fen« eingesetzt.

Bis vor wenigen Jahren konzentrierte sich die chinesische Luftfahrtindustrie dann vor allem auf den (Nach-) Bau von Hubschraubern von Eurocopter. Die »Changhe Aircraft Industries Group« stellte Mitte der achziger Jahre in Kooperation mit dem »China Helicopter Research and Development Institute« das Projekt Z-11 vor, das 1994 zum ersten Mal flog. Nach eigenen Aussagen soll es sich dabei um eine Eigenentwicklung und nicht um eine Kopie des AS 350 handeln. Der Z-11 wurde vor allem vom Heer als Trainings- und Beobachtungshubschrauber eingesetzt. Als Z-11W ist auch eine bewaffnete Version erhältlich. Insgesamt sollen ca. 40 Z-11 im Einsatz stehen.

Das einzig wirklich lizenziert gebaute Eurocopter-Muster war der SA 365, der in Harbin unter dem Namen Z-9 in Lizenz gebaut wurde. 1981 wurde der erste von 28 in Bauteilen gelieferte SA 365 in Harbin endmontiert mit der vereinbarten Absicht, in die nächsten 20 Maschinen eine größere Anzahl chinesischer Teile einzubauen. Nach diesem gemeinsamen Programm hatte dann 1992 der erste Z-9B seinen Erstflug, der schon über 70% chinesische Teile enthielt. In der Folge wurden dann mehr als 200 Z-8 in verschiedenen Versionen an das Heer und die Marine geliefert.

Anfang der siebziger Jahre kaufte die chinesische Marine von Eurocopter noch 13 SA 321 Ja Super Frelon, die ab Anfang der neunziger Jahre kopiert und von der »Changhe Aircraft Industries Group« unter dem Namen Z-8 produziert wurde. Changhe entwickelt den Z-8 zu immer neuen Versionen weiter und stellte erst 2002 einen Z-8 F mit drei Pratt & Whitney-Turbinen vor.

Ebenfalls Anfang der siebziger Jahre beschaffte

Z-5, Lizenzbau des Mi-4.

Z-11W der Heeresflieger.

Z-9 mit Panzerabwehrbewaffnung.

China mehr als 10 SA 316 Alouette III, die anfänglich beim Heer als Verbindungshubschrauber eingesetzt werden sollten, dann aber vor allem zum Training verwendet wurden. Eine anfänglich geplante Lizenzproduktion fand nicht statt.

Seit Anfang der siebziger Jahre hat das chinesische Heer drei schwere Transporthubschrauber Mi-6 im Einsatz und es gibt Gerüchte, dass die Beschaffung des Mi-26 als Nachfolger diskutiert wird.

Die Amerikaner pflegten Anfang der 80er Jahre gute Beziehungen zu China und wollten die russische Vorherrschaft bei der Lieferung von Waffensystemen aufbrechen. Sikorsky lieferte deshalb ab 1985 vierundzwanzig S-70 C Black Hawk. Nach der Niederschlagung der Aufstände auf dem Platz des himmlischen Friedens stellte Amerika dann die Ersatzteillieferung ein. Erstaunlicherweise fliegen einige der Black Hawks noch heute und nehmen immer wieder an Manövern teil.

Mitte der achtziger Jahre beschaffte China sechs AS 332 L Super Puma für VIP-Transporte und in den späten 80er Jahren zusätzlich acht leichte Begleithubschrauber Eurocopter SA 342 L. Es sollten von beiden Mustern mehr Maschinen angeschafft werden, wobei der Auftrag aufgrund der politischen Situation nicht ausgeführt wurde. Mit der Lieferung von 20 Mi-8 Mitte der achtziger Jahre begann dann der erfolgreiche Einstieg der russischen Hersteller Ulan-Ude und Kazan Helicopters in den chinesischen Markt. Sie nutzten die Verärgerung der chinesischen Regierung über das westliche Waffenembargo und lieferten 1991 die ersten 24 Mi-17. In der Folge bestellte China insgesamt 240 Maschinen der Typen Mi-17, Mi-171, Mi-172 und die von Kazan Helicopter weiterentwickelten Versionen Mi 17 V5 und V7, die bis 2006 ausgeliefert wurden. Zum Teil sind die Maschinen schwer bewaffnet. Seit 1997 betreibt die chinesische Marine auf ihren Fregatten und Zerstörern der russischen Sovremenny Klasse bis zu zwanzig Kamov Ka-28, der Exportversion des Ka-27 U-Boot-Bekämpfungshubschraubers.

Nachdem das Waffenembargo der westlichen Welt die Abhängigkeit der chinesischen Streitkräfte vom Ausland offenbarte, entwickelte die »Changhe Aircraft Industries Group« in Kooperation mit dem »China Helicopter Research and Development Institute« und der »Harbin Aviation Industry Group« Mitte der neunziger Jahre den ersten eigenen Kampfhubschrauber mit der Bezeichnung WZ-10. Er flog am 29.4.2003 erstmals. Bisher wurden 8 Prototypen gebaut und der WZ-10 soll ab 2010 bei den chinesischen Streitkräften eingesetzt werden. In jüngster Zeit hat die Harbin Aviation Industry Group bei der Entwicklung des EC 120 mitgewirkt und produziert eine Reihe von Bauteilen. In Harbin wird er komplett unter dem Namen HC 120 montiert und vermarktet. Acht HC 120 wurden bisher an die Heeresfliegerschule ausgeliefert, die eine Option auf bis zu 50 Maschinen hält. In Zusammenarbeit mit Eurocopter entsteht zur Zeit der Z-15/EC 175. Es wird erwartet, dass der Einsatz ziviler Hubschrauber in den nächsten Jahren massiv zunimmt, sobald deren Nutzung erlaubt wird. Im Jahr 2007 gab es weniger als 100 Hubschrauber für die zivile Nutzung, der Markt wird jedoch auf 1800 Maschinen bis zum Jahr 2013 geschätzt.

Z-9, den Eurocopter als »Panther« vermarktet.

Z-9 in der Marineversion.

Z-8 der Changhe Aircraft Group.

Der Kampfhubschrauber WZ-10.

Einer der sechs AS 332 Super Puma, die Eurocopter in den 80er-Jahren geliefert hat.

Mi-172 des Heeres.

Die moderne Variante des Mi-171, der Mi-17 U7 von Kazan Helicopter.

Z-15/EC 175

Der Z-15/EC 175 ist die konsequente Fortführung des Lizenzbaus von Eurocopter-Hubschraubern durch die Firmen der staatlichen chinesischen Luftfahrtindustrie CATIC. Im Oktober 2004 wurde der Vertrag zur gemeinsamen Entwicklung eines neuen Hubschraubers mit einem Abfluggewicht von 6-7 Tonnen unterzeichnet, der das Eurocopter-Programm zwischen dem EC 155 und dem EC 225 füllt. Der Z-15/EC 175 soll bis zu 16 Passagiere transportieren können und bildet damit eine Konkurrenz zum AW 139. Beide Vertragspartner investieren je 300 Millionen in die Entwicklung. Die Harbin Aviation Industry Group, die bisher schon den Großteil chinesischer Hubschrauber-Lizenzbauten produziert, ist für die Kabine, den Hauptrotor, das Heckrotorgetriebe, die Steuerorgane und das Treibstoffsystem zuständig. Eurocopter entwickelt das Hauptrotorgetriebe, den Heckrotor, die Hydraulik, das elektrische System und die Avionik. Der EC 175 soll einen Fünfblatt-Hauptrotor bekommen und von zwei Pratt & Whitney PT6C-67E-Turbinen mit je 2000 WPS (1491 kW) Leistung angetrieben werden, so dass er eine Reisegeschwindigkeit von fast 300 km erreicht. Der Erstflug ist für 2009 geplant, die Zulassung und die ersten Auslieferungen ab 2011. Die beiden Firmen erwarten einen Absatz von 800 Maschinen über einen Zeitraum von 20 Jahren.

Der Z-15 / EC 175 füllt für Eurocopter eine Lücke zwischen dem EC 155 und dem EC 225, dient aber in erster Linie auch der Erschließung des chinesischen Marktes.

Ein französischer AS 330-B2-Ecureuil über der Atlantikküste.

Deutschland

Nach dem Krieg entstanden auch in Deutschland eine Vielzahl kleiner Firmen, die sich mit dem Bau von Huschraubern beschäftigten. Der Fabrikant Karl Erwin Merckle entwickelte mit Hilfe zweier Diplomanten das Hubschrauberprojekt SM 67. Der erste Prototyp flog im Juni 1959 mit einer Turboméca-Artouste-Turbine erstmals. Das Programm kam allerdings durch Engpässe bei der Materialbeschaffung und durch notwendige Modifikationen in zeitliche Bedrängnis. In der Ausschreibung um einen Hubschrauber für die Bundeswehr wäre der SM 67 in direkter Konkurrenz zum französischen Alouette II gestanden, war aber noch nicht serienreif. Die Bundeswehr entschied sich für die bereits erprobte französische Maschine, was das Ende des Projekts SM 67 bedeutete. Ein weiteres deutsches Projekt entstand, als Henrich Focke.

Mitte der fünfziger Jahre den Automobilproduzenten Carl Borgward traf. Borgward war am Hubschrauberbau interessiert und Focke entwickelte zusammen mit einigen Ingenieuren den dreisitzigen Kolibri I. Nach Vorstellung Borgwards sollte der Kolibri ein echter Volkshubschrauber werden und für jeden erschwinglich sein. Erste Flüge fanden Mitte 1958 statt, doch aufgrund von Zulassungsproblemen und dem Konkurs der Borgward-Werke wurde das Projekt Kolibri eingestellt.

Der Bo 103 wurde als einsitziger Beobachtungshubschrauber für die Bundeswehr konzipiert.

Einen weiteren erfolglosen Versuch zum Bau eines Serienhubschrauber unternahm der Unternehmer Josef Wagner. Er entwickelte eine Reihe von ein- bis fünfsitzigen Hubschraubern, die alle von einem koaxialen Rotorsystem angetrieben wurden. Der einsitzige Sky-Trac I erhielt im September 1969 als erster deutscher Hubschrauber nach dem Krieg die Musterzulassung. Das Interesse an den Hubschraubern Sky-Trac I, Sky-Trac III und Sky-Rider war groß und die Piloten begeistert von den guten Flugeigenschaften. Wagner hatte einige Bestellungen vorliegen, so daß die Serienfertigung ab 1971 gestartet werden sollte. Wiederum waren es Verzögerungen bei der Entwicklung und finanzielle Probleme, die schließlich zum »Aus« der erfolgversprechenden Wagner-Hubschrauberprojekte führten.

Auch für Ludwig Bölkow war der Anfang des Hubschrauberbaus alles andere als erfolgreich. Er entwickelte Ende der fünfziger Jahre den einsitzigen Bo 102, eine Art Fesselhubschrauber, mit dem das Fliegen eines Hubschraubers auf dem Boden gelernt werden konnte. Der Hubschrauber war voll steuerbar, ein auf dem Boden befestigtes Gestell bzw. ein Schwimmring verhinderten jedoch das tatsächliche Abheben. Der Bo 102 hatte einen Einblattrotor mit Gegengewicht und wurde für einige Streitkräfte in kleiner Stückzahl produziert. Die Weiterentwicklung Bo 103 verwendete einen Großteil der Komponenten des Bo 102 und sollte für die Bundeswehr als einsitziger Beobachtungshubschrauber entwickelt werden. Während der Entwicklung und Erprobung des Bo 103 entschied man sich jedoch bei der Bundeswehr gegen das Projekt eines Einmann-Hubschraubers, so daß der Bo 103 nie in Serie produziert wurde. Im März 1961 bekam Bölkows Entwicklungsbüro einen Forschungsauftrag für die Entwicklung eines Hochgeschwindigkeitsrotors mit einem gesteuerten Schwenkrotor. Mit dem von Hans Derschmidt entwickelten Rotorsystem konnte ein Hubschrauber theoretisch eine Vorwärtsgeschwindigkeit von bis zu 700 km/h erreichen. Bereits zuvor waren Windkanalversuche durchgeführt worden, die Derschmidts Theorie bestätigten. Bölkow entwickelte mit den Forschungsgeldern den Bo 46, der am 30.Januar

Der schnittige Bo 46 sollte Vorwärtsgeschwindigkeiten bis zu 700 km/h erreichen!

1964 erstmals abhob. Schwingungsprobleme und ein vermindertes Interesse beim Forschungsministerium an der Fortführung brachten das Projekt schließlich zum Stillstand.

Anfang der sechziger Jahre wurden bei Bölkow schließlich die Projekte des zweisitzigen Bo 104 und des fünfsitzigen Bo 105 entwickelt. Beide sollten mit gelenklosen Rotoren ausgestattet sein, die in Versuchen auf Alouette II erfolgreich getestet worden waren. Für den Bo 104 waren zwei NSU-Wankelmotoren mit je 120 PS Leistung vorgesehen. Da die Marktchancen für einen größeren Hubschrauber jedoch besser schienen, wurde der Bo 104 zugunsten des Bo 105 aufgegeben.

Frankreich

Ende der 40er Jahre wurden in Frankreich größte Anstrengungen unternommen, brauchbare Hubschrauber zu konstruieren. Die drei staatlichen Firmen SNCASO (später Sud-Ouest Aviation) und SNCASE (später Sud-Est Aviation) und SNCAN (später Nord Aviation) konstruierten verschiedene Muster, wobei SNCASO bei einigen Entwürfen mit Blattspitzenantrieb experimentierte, der den damals noch technisch schwierigen Drehmomentausgleich überflüssig machte. Daraus entstand auch der recht erfolgreiche SO 1221 Djinn, von dem bis Anfang der sechziger Jahre fast 200 Stück ausgeliefert wurden. Der ebenfalls mit Blattspitzenantrieb ausgestattete Djinn wurde bei den Streitkräften Frankreichs und für landwirtschaftliche Sprühflüge eingesetzt.

Die schweizerischen, amerikanischen und deutschen Streitkräfte beschafften einige Djinn zur Erprobung. SNCASE baute gleich nach dem Krieg eine verbesserte Version des Focke-Achgelis Fa 223 und stellte sie unter dem Namen SE 3000 vor. Der SE 3000 hatte zum Drehmomentausgleich gegenläufige Rotoren an Seitenauslegern. Weitere Versuche führten zum zweisitzigen SE 3110, dessen vordere Rumpfpartie leicht an den SA 341 Gazelle erinnert, aber ähnlich wie die ersten Sikorsky-Versuche noch zwei an V-Auslegern montierte Heckrotoren hatte. Der SE 3120 Alouette I war eine etwas größere Stahlrohrkonstruktion mit drei Sitzplätzen und einem einzelnen Heckrotor. Mit dem SE 3130 Alouette II, der im März 1955 erstmals flog, erfolgte schließlich der große Durchbruch. Durch Verwendung einer Turboméca-Artouste-Turbine statt des bis dahin üblichen Kolbenmotores entstand der erste turbinengetriebene Serienhubschrauber der Welt. Durch die gegenüber einem Kolbenmotor verdoppelte Leistung bei geringerem Gewicht, hatte der SE 3130 bis dahin nicht gekannte Leistungen. Er stellte drei Monate nach seinem Erstflug mit 8209 m den Höhenweltrekord für Hubschrauber auf und wurde zum beliebten Mehrzweckhubschrauber vieler Streitkräfte. 1957 fusionierten die beiden erfolgreichen staatlichen Hubschrauberfirmen Sud-Est Aviation und Sud-Ouest Aviation zur Firma Sud-Aviation, die sich dann schließlich 1970 mit den beiden Firmen Nord Aviation und SEREB zur Société Nationale Industrielle Aérospatiale (SNIAS), der späteren Aérospatiale zusammenschloß. 1964 wurde mit dem SA 318 C Alouette II eine verbesserte Variante des SE 3130 vorgestellt, die sich nur durch Einbau des stärkeren Astazou-Triebwerkes voneinander unterschieden. Die Alouette II-Baureihe war sehr erfolgreich und wurde erst 1975 eingestellt.

Die Entstehung von Eurocopter

In den Jahren 1991 und 1992 entstand durch Gründung mehrerer Produktions- und Marketinggesellschaften die Firma Eurocopter. Die Fusion der Hubschrauberbereiche von Aérospatiale und der DASA-Tochter MBB war eine notwendige Folge des immer härteren Wettbewerbs auf dem Zivilhubschraubermarkt. Parallele Produkt-, Vertriebs- und Servicestrukturen versprachen vor allem im Hinblick auf den nahen gesamteuropäischen Markt erhebliche Synergieeffekte. Durch den Zusammenschluss hat Eurocopter die breiteste Produktpalette anzubieten und ist der größte zivile Hubschrauberhersteller der Welt. Als erstes gemeinsames Projekt wurde der von MBB als Bo 108 entwickelte Versuchsträger modifiziert, der als EC 135 in Serie ging. Eurocopter strebt weitere internationale Kooperationen an. Die Schwerpunkte legt der Konzern dabei auf die Entwicklung von Märkten in »jungfräulichen« Teilen der Welt sowie in die Erweiterung der Produktpalette im Bereich der schweren Hubschrauber.

Großbritannien

Die Bristol Aeroplane Corp. begann sich nach dem Krieg auch mit der Entwicklung von Hubschraubern zu beschäftigen. Zwei erfolgreiche Muster wurden entwickelt und produziert. Der Bristol 171 Sycamore, der im Juli 1947 seinen Erstflug hatte, wurde bei den britischen Streitkräften und bei Streitkräften anderer Länder, unter anderem bei der Bundeswehr sowie bei zivilen Nutzern eingesetzt. Der Bristol 192 Belvedere war ein relativ großer Tandemhubschrauber für den Transport von Soldaten und Gerät. Die Royal Air Force hatte einige wenige Belvedere über einen Zeitraum von fast zehn Jahren im Einsatz. Die Hubschrauberabteilung von Bristol wurde 1961 an Westland verkauft.

Die englische Firma Saunders-Roe begann, sich im Hubschrauberbau zu engagieren, nachdem sie das Tragschrauberprogramm und das angefangene W.14 Skeeter-Programm der Cierva Autogiro Company übernommen hatte. Trotz der Vorarbeit von Cierva, wo der Skeeter schon 10 Jahre früher seinen Erstflug durchgeführt hatte, dauerte es bis 1958, bis der zweisitzige Saunders-Roe Skeeter in Serie gefertigt werden konnte. Die britischen Streitkräfte bestellten einige Skeeter und verwendeten sie vor allem für Schulungszwecke. Einige wenige Exemplare wurden exportiert, doch der kommerzielle Erfolg blieb aus. Saunders-Roe wurde 1960 ebenfalls an Westland verkauft.

Westland begann die Fertigung von Hubschraubern nach dem zweiten Weltkrieg mit dem Lizenzbau des Sikorsky S-51. Nachdem fast 150 S-51 unter dem Namen Dragonfly gefertigt waren, entwickelte Westland aus dem Dragonfly den Westland Widgeon. Er hatte eine neugestaltete Kabine, die einer Person mehr Platz bot, stärkere Triebwerke und ein höheres Abfluggewicht.

Ein Bristol/Westland Belvedere im Dienste der britischen Luftwaffe.

Westland Dragonfly, die britische Lizenzfertigung des Sikorsky S-51.

Nachdem die britischen Streitkräfte Interesse am amerikanischen Sikorsky S-55 zeigten, bemühte sich Westland um die Rechte für die Lizenzfertigung. Unter dem Namen Whirlwind baute Westland verschiedene Versionen mit unterschiedlichen Kolbentriebwerken. Westland rüstete den Whirlwind schließlich auf britische Triebwerken um und verwendete ab dem Whirlwind Series 3 eine 1050 WPS leistende De Havilland Gnome H.1000-Turbine. Insgesamt wurden über 400 Whirlwind gebaut, wovon einige in verschiedene Länder exportiert wurden. Nach dem erfolgreichen Lizenzbau anderer Sikorsky-Hubschrauber sicherte sich Westland gleich nach Erscheinen auch die Lizenbaurechte für den größeren Sikorsky S-58. Als Westland Wessex wurde von Anfang an ein schwächeres Triebwerk als im Original verwendet. Trotzdem bestellte die britische Marine den Wessex als Ersatz für den

Aus dem Dragonfly entwickelte Westland den Widgeon. Diese Ausführung mit Schwimmern dümpelt bei ruhiger See in den Küstengewässern der Nordsee.

Drei Westland Whirlwind Series 3 der britischen Luftwaffe im Verbandsflug.

Whirlwind. Recht früh startete Westland die Entwicklung einer eigenen Konstruktion. Es handelte sich um einen großen Transporthubschrauber, den Westland Westminster. Westland verwendete als Grundlage die dynamischen Komponenten des Sikorsky S-56 und wandelte sie nach eigenem Bedarf ab. Der große Rumpf bot Platz für bis zu 44 Passagiere oder Fracht. Der Westminster fand weder Interesse bei den britischen Streitkräften, noch bei anderen Kunden, so daß die Entwicklung eingestellt wurde.

Mit dem Westminster legte sich Westland ein Ei.

Italien

Die Entwicklung des italienischen Hubschrauberbaus war über lange Jahre von Lizenzbauten und erfolglosen Eigenentwicklungen der Firma Construzioni Aeronautiche Giovanni Agusta S.p.A. bestimmt. Mit dem Lizenzbau des Bell 47 begann die aus dem Flugzeugbau bekannte Firma Agusta 1952, die ersten Hubschrauber zu bauen. Bereits 1958 entstanden Pläne für die Konstruktion eines eigenen Großhubschraubers, des Agusta A 101. Er sollte von 3 Triebwerken angetrieben werden und ein Abfluggewicht von fast 13.000 kg erreichen. Das Interesse war recht groß, doch wie bei späteren Modellen zog sich die Entwicklung über viele Jahre hin, so daß der A 101 bei Erreichen der Serienreife 1971 stark überaltert war. Weitere mehr oder weniger erfolglose Eigenentwicklungen:

– Der A 102, ein aus dem Bell 48 abgeleiteter zehnsitziger Kolbenhubschrauber, der aufgrund seiner schwachen Leistungen nur in geringer Stückzahl verkauft wurde.
– Der A 103, der als einsitziger Arbeitshubschrauber geplant war, aber nie in Serie produziert wurde.
– Der A 104, eine vergrößerte Version des A 103, der als leichter Mehrzweckhubschrauber geplant war, jedoch nur als Prototyp gebaut wurde.
– Der A 105, ein wahlweise zwei- oder viersitziger leichter Hubschrauber, der auf eine einfache und damit günstige Serienfertigung ausgelegt war. Der Prototyp wurde 1965 auf dem Pariser Aerosalon ausgestellt. Es gab jedoch keine Serienfertigung.
– Der A 106, der aufgrund einer Forderung der italienischen Marine nach einem U-Boot-Jagdhubschrauber entwickelt wurde. Als kleiner Einsitzer, der zwei Torpedos zwischen den Kufen transportieren konnte und ein sehr gutes Leistungs-Gewichts-Verhältnis hatte, war er für diese Aufgabe eigentlich perfekt geeignet. Nachdem einige Maschinen an die Marine ausgeliefert waren, wurde die Serienproduktion jedoch 1972 eingestellt.

Anhaltenden Erfolg hatte Agusta hingegen mit dem Lizenzbau amerikanischer Hubschrauber, die vor allem vom italienischen Militär eingesetzt wurden. So wurden die Sikorsky-Hubschrauber SH-3D Sea King (S-61 B), S-61

Der Agusta A 105 kam über das Prototypenstadium nicht hinaus.

Der Agusta A 106 sollte mit zwei Torpedos zwischen den Kufen Jagd auf U-Boote machen.

N und S-61 R und in Kooperation mit Elicotteri Meridionali der Boeing-Vertol CH-47 C Chinook produziert. Den S-61 N modifizierte Agusta mit den Triebwerken des SH-3D Sea King zum AS-61N1, der jedoch wie andere Agusta-Entwicklungen erfolglos blieb. Obwohl auch für die Bell-Lizenzbauten in erster Linie ein Bedarf bei den italienischen Streitkräften bestand, verkaufte Agusta auch einige AB 47, AB 204, AB 205, AB 206 Jet Ranger, AB 212 und AB 412 auf dem zivilen Markt.

Erst mit dem A 109 gelang Agusta der Durchbruch mit selbstentwickelten Hubschraubern. Auch der Kampfhubschrauber A 129 hatte wie andere Agusta-Projekte Entwicklungsprobleme und wurde mit erheblicher Verzögerung an das italienische Heer ausgeliefert. Agusta bemüht sich mit dem A 129 auf internationaler Ebene um Exportaufträge. Im Konsortium mit Bell vermarktet Agusta nun den Tiltrotor BA 609 in Europa. Anfang 2000 fusionierte Agusta mit der britischen Westland zur Firma Agusta Westland.

Auch Breda Nardi fertigte ab 1974 Hubschrauber in Lizenz. Allerdings nur die beiden Modelle Schweizer 300 und MD Helicopters 500 (beide wurden damals von Hughes Helicopters hergestellt). Als Abnehmer trat hauptsächlich das italienische Militär auf.

Neben Agusta und den im Lizenzbau tätigen Firmen erzielte die kleine Firma Silvercraft SpA schon in den sechziger und siebziger Jahren einen gewissen Erfolg mit ihrem SH-4. Es handelte sich um einen kleinen Dreisitzer, der durch seine einfache Konstruktion sehr günstige Betriebskosten ins Feld führen konnte.

Europäische Programme

Um die immensen Kosten zu senken, schlossen und schliessen sich die europäischen Hubschrauberhersteller zur Entwicklung diverser Einzelprojekte zusammen. Oft handelt es sich um Militärprogramme, die den interessierten Länder Gelegenheit verschaffen, ihre Luftfahrtindustrie zu beschäftigen.

Änderungen in den Anforderungen der Militärs oder in den Budgets führen deshalb oft zu Änderungen der Gesellschafter- oder Beteiligungsverhältnisse und zu Verzögerungen in den Programmen.

Ob »alleinstehende« nationale Hersteller in Zukunft überleben können oder ob eine weitere Konzentration stattfinden wird, wird sich in der nahen Zukunft zeigen.

Sowohl Eurocopter als auch Agusta Westland beteuern immer wieder, dass sie einer Zusammenarbeit offen gegenüber stehen, wenn dadurch der technologische Vorsprung Europas gesichert wird.

Mit der Gründung der Firma EH Industries der Gesellschafter Agusta und Westland für die Entwicklung des AW 101 begann eine Zusammenarbeit, die mit der Fusion der beiden europäischen Partner erfolgreich weitergeführt wird.

Agusta Westland A 109

Aufgrund der Leistungssteigerungen ist der A 109 auch für den Einsatz im Gebirge geeignet.

Die US Coast Guard hat den AW 109 zur Bekämpfung des Drogenschmuggels angeschafft. Mit seiner Bewaffnung werden die Motoren von Schnellbooten zerschossen und die Schmuggler durch diese radikale Methode aufgehalten.

Der A 109 absolvierte am 4.8.1971 seinen Erstflug. Er gehört zu den beliebtesten Geschäftsreise- und Mehrzweckhubschraubern. Die Version A 109 A kam mit zwei Rolls Royce 250C-20B-Turbinen und einem Einziehfahrwerk auf den Markt. Anfänglich sollte er von nur einem Triebwerk angetrieben werden, was jedoch zugunsten der Zweimotorensicherheit verworfen wurde. Die Version A 109 C wurde von zwei Rolls Royce 250C-20R/1-Triebwerken mit je 450 WPS angetrieben, während der A 109 K2 für den Betrieb in großen Höhen und in heißen Klimazonen mit zwei Turboméca Arriel 1K-Triebwerken mit je 724 WPS Leistung und einem verstärkten Getriebe ausgerüstet wurde. Zur Verbesserung des Wirkungsgrades des Heckrotors verzichtete Agusta Westland ab den K-Modellen auf die untere Hälfte der Heckflosse und verwendete zum Teil ein festes Fahrwerk. Der aktuell erhältliche A 109 E Power, wurde mit zwei Pratt & Whitney PW206C-Turbinen bzw Turboméca Arrius 2K-1-Turbinen und einer verbreiterten Kabine ausgestattet. In der Version Elite wurde die Kabine gestreckt, um den Passagieren bessere Beinfreiheit zu geben. Der A 109 Grand ist das neueste Flagschiff der A 109-Reihe und wird mit der längeren Kabine und stärkeren Pratt & Whitney PW207C-Triebwerken angeboten, so dass das Abfluggewicht gegenüber dem Grand um 200 kg gesteigert werden konnte.

Agusta Westland AW 109 Grand

Antrieb: 2 Pratt & Whitney PW207C-Turbinen mit je 735 WPS (548 kW) Leistung
Rotordurchmesser: 10,83 m
Rumpflänge: 11,65 m
Leermasse: 1655 kg
max. Abflugmasse: 3200 kg
Geschwindigkeit: Max: 311 km/h, Reise: 287 km/h
Reichweite: 800 km ohne Reserve
Platzangebot: 1 Pilot und 7 Passagiere

Agusta Westland AW 119 Koala

Der 1995 auf dem Pariser Aero Salon vorgestellte AW 119 ist der erste Zivilhubschrauber mit einem Triebwerk, den Agusta selbst entwickelte. Der AW 119 kommt mit Kufen, einer Schiebetür und einem 3,45 cbm großen, hindernisfreien Innenraum, der 30% mehr Fassungsvermögen als der des nächste vergleichbare Mitbewerber besitzt. Das extrem starke Triebwerk verhilft dem leichten Mehrzweckhubschrauber zu sehr guten Flugleistungen. Er hat günstige direkte Betriebskosten durch die Verwendung neuester Werkstoffe, die lange Wartungsintervalle und einen günstigen Verbrauch ermöglichen. Der Koala verwendet das Rotorsystem des AW 109 Power, dessen Rotorblätter keine festen Wartungsintervalle mehr benötigen, sondern nur bei Verschleiß ausgetauscht werden müssen. Die Zulassung des AW 119, der im April 1995 seinen Erstflug hatte, fand im Dezember 1999 statt. Die neueste Version, der AW 119 Ke (Koala enhanced), hat geänderte Hauptrotorblätter, die mit einer höheren Drehzahl drehen sowie ein verstärktes Kufenlandegestell. Durch diese Maßnahmen konnte das Abfluggewicht um 130 kg erhöht werden, damit die Nutzer mehr Nutzlast transportieren können. Ältere Modelle können durch einen Nachrüstsatz aufgerüstet werden.

Agusta Westland AW 119 Ke

Antrieb: 1 Pratt & Whitney PT6B-37A-Turbine mit 1002 WPS (747 kW) Leistung
Rotordurchmesser: 10,83 m
Rumpflänge: 11,17 m
Leermasse: 1455 kg
max. Abflugmasse: 3150 kg
Geschwindigkeit: Max: 282 km/h, Reise: 257 km/h
Reichweite: 1013 km ohne Reserve
Platzangebot: 1 Pilot und 7 Passagiere

Der AW 119 wird aufgrund seiner hohen Geschwindigkeit auch gerne von Polizeieinheiten eingesetzt.

Agusta Westland AW 129 Mangusta

Agusta Westland AW 129 Mangusta

Antrieb: 2 Rolls Royce Gem2 Mk.1004D-Turbinen mit je 890 WPS (664 kW) Leistung
Rotordurchmesser: 11,90 m
Rumpflänge: 12,62 m
Leermasse: 2730 kg
max. Abflugmasse: 4600 kg
Geschwindigkeit: Max: 275 km/h, Reise: 229 km/h
Reichweite: 510 km ohne Reserve
Platzangebot: 2 Besatzung

Die ersten fünf AW 129 wurden im Oktober 1990 an die italienischen Streitkräfte übergeben. Die Indienststellung war eigentlich schon ab 1984 vorgesehen, doch nach dem Erstflug des Prototypen am 11. September 1983 stellten sich Verzögerungen ein, die vor allem mit der zeitaufwändigen Systemintegration begründet wurden. Die Konzeption verlangte einen leichten nachtflugtauglichen Kampfhubschrauber, dessen Einsatzspektrum die Panzerabwehr, die bewaffnete Begleitung und den Luftkampf gegen feindliche Hubschrauber umfassen soll. Entsprechend wurde der Rumpf zum Großteil aus Verbundwerkstoffen in Wabenkonstruktion gefertigt; Erst unter 800 Meter Entfernung wird er von panzerbrechenden 12,7-mm-Geschossen durchschlagen. Die Tanks sind selbstdichtend und das Fahrwerk absorbiert harte Landungen mit einer Geschwindigkeit von bis zu 5 m/s. Die Exportversion AW 129 International unterscheidet sich von italienischen Variante durch zwei LHTEC T800-Turbinen mit je 1260 WPS (940 kW) Leistung, ein verstärktes Getriebe und einen Fünfblattrotor. Dadurch erreicht der AW 129 eine höhere Geschwindigkeit, eine bessere Steigrate und kann mehr Nutzlast transportieren.

Der AW 129 ist nicht mehr das neueste Design und verliert deshalb oft den waffenlosen Kampf mit dem Eurocopter Tiger um Exportaufträge.

Agusta Westland AW 139 / 149

Der AW 139 wird seit 1996 in Agustas Test Center in Cascina Costa entwickelt und wurde zum ersten Mal 1999 in Le Bourget vorgestellt. Er verwendet teilweise Komponenten des A 129 und ist mit einem Honeywell-Glascockpit mit 2-4 Farbdisplays ausgestattet, das auch in den Business-Jets der neuesten Generation verwendet wird. Der Kunde kann aus 4 Cockpit-Konfigurationen wählen, einer VFR-Version und 3 IFR-Versionen, die je nach Einsatzart verschiedene Funktionen bieten. Der AW 139 wurde zusammen mit Bell gebaut und vertrieben, Anfang 2006 hat Bell jedoch seinen 25%igen Anteil an Agusta Westland verkauft und die Bezeichnung wurde von AB 139 auf AW 139 geändert. Der AW 139 hat eine 8 Kubikmeter große Kabine mit Zugang durch eine große Schiebetür sowie einen zusätzlichen Gepäckraum mit 3,4 Kubikmetern Rauminhalt. Der englische Betreiber Bristow hat gleich nach der Präsentation 2 Maschinen zum Preis von 6 Millionen US $ (Basis 1999) für den Transport von Personen und Material zu den Bohrinseln geordert. Die europäische EASA-Zulassung erfolgte im November, die der US-Behörde FAA im Dezember 2004. Zwischenzeitlich sind über 200 AW 139 bestellt. Die Militärversion trägt die Bezeichnung AW 149.

Agusta Westland AW 139

Antrieb: 2 Pratt & Whitney of Canada PT6C-67C-Turbinen mit je 1679 WPS (1252 kW) Leistung
Rotordurchmesser: 13,80 m
Rumpflänge: 13,53 m
Leermasse: 3622 kg
max. Abflugmasse: 6400 kg
Geschwindigkeit: Max: 310 km/h, Reise: 306 km/h
Reichweite: 1061 km ohne Reserve
Platzangebot: 2 Piloten und 15 Passagiere

Der AW 139 erfüllt aufgrund seiner starken Einzeltriebwerke auch die Forderung der JAA nach 'Cat.A' und darf damit uneingeschränkt auf innerstädtischen Dachlandeplätzen landen.

Der AW 139 findet aufgrund seines modernen Designs mit großem Innenraum riesigen Absatz bei VIP-Kunden.

Die Entwicklung der Militärversion AW 149 wurde im Jahr 2006 angekündigt.

Einige der Bestellungen für den AW 139 kommen von Kunden aus der Erdölindustrie.

Agusta Westland Commando

Der Commando kann seine Abstammung vom Sea King nicht verleugnen. Der ausschließlich für landgestützte Operationen wie Truppentransport und Befehlsaufgaben ausgestattete Commando hatte am 12. September 1973 seinen Erstflug. Statt der als Einziehfahrwerk ausgelegten Stützschwimmer des Sea King erhielt der Commando ein zwillingsbereiftes starres Fahrwerk. Außerdem fehlt der für den Sea King typische Radom hinter der Triebwerksverkleidung. Die Royal Navy stellte den Commando nichtsdestotrotz unter der Bezeichnung Sea King HC.4 in Dienst. Im Falkland-Konflikt bewährte er sich mit seiner Außenlastkapazität von 3600 kg als Lastenesel der Marineinfanterie, so daß zu den 17 in Dienst stehenden HC.4 weitere acht bestellt wurden. Da alle Commando auch als luftgestützte Befehlsstände ausgelegt sind, haben sie Kommunikationsanlagen für Kontakte zu Luft- und Landstreitkräften an Bord. Als Verwundetentransporter kann der Commando 16 Verletzte und einen medizinischen Helfer über 610 km weit transportieren. Die Exportversion des Commando ging als Transporthubschrauber nach Saudi Arabien, Ägypten und Quatar. Quatar rüstete einen, Ägypten zwei Commando als VIP-Transporter aus. Diese Maschinen haben zwar nur zehn Sitzplätze, verfügen aber über eine Toilette, eine Küche, ein Kabinen-Telefon und eine verbesserte Schallisolierung.

Der Commando wird von den britischen Streitkräften sowie von der Empire Test Pilots School für Transportaufgaben eingesetzt. Er kann bis zu 28 Personen transportieren.

Agusta Westland Commando Mk.2

Antrieb: 2 Rolls Royce Gnome H1400-1-Turbinen mit je 1660 WPS (1238 kW) Leistung
Rotordurchmesser: 18,90 m
Rumpflänge: 17,02 m
Leermasse: 5070 kg
max. Abflugmasse: 9532 kg
Geschwindigkeit: Max: 230 km/h, Reise: 211 km/h
Reichweite: 563 km ohne Reserve
Platzangebot: 2 Piloten und 28 Passagiere

Agusta Westland AW 101 Heliliner / Merlin

Mitte 1980 gründeten Agusta und Westland die Firma EH Industries zur Entwicklung eines U-Boot-Jagdhubschraubers für die englische und italienische Marine. Bei der Fusion von Agusta und Westland ging diese Firma später im gemeinsamen Konzern auf. Insgesamt neun Prototypen absolvierten zwischen dem Erstflug am 9.Oktober 1987 und der Zulassung am 6.Dezember 1994 ein Testprogramm von insgesamt 3500 Stunden. Es wurde ein Gesamtmarkt von 700 Maschinen prognostiziert, wobei bisher mehr als 120 Maschinen verkauft wurden. Obwohl einige zivile Betreiber anfänglich am Heliliner Interesse gezeigt hatten, blieben die Verkäufe aus, obwohl der AW 101 für den sogenannten Offshore-Einsatz optimal ausgerüstet ist. Im Januar 2005 konnten die Europäer einen riesigen Erfolg verzeichnen, denn sie gewannen zusammen mit amerikanischen Partnern unter der Bezeichnung US 101 bzw. VH-71 die Ausschreibung um 23 Maschinen für das weiße Haus. Mit der Auslieferung von 2009 bis 2014 ersetzen sie die bisherigen amerikanischen Sikorsky-Präsidentenhubschrauber. Kawasaki baut den AW 101 in Japan unter der Bezeichnung MCH 101 in Lizenz und lieferte 2007 die erste Maschine aus japanischer Fertigung an die eigenen Streitkräfte aus. Die Kunden können wählen zwischen CT7-6 oder T700-T6A1-Turbinen von General Electric oder dem Rolls-Royce/Turbomeca/MTU RTM 322. Eine neue Version mit moderneren Rotorblättern und CT7-8E-Triebwerken mit um 12% erhöhter Leistung wird in Kürze erhältlich sein.

Die kanadischen Streitkräfte setzen den AW 101 unter der Bezeichnung CH-149 Cormoran auch im Such- und Rettungsdienst ein

Agusta Westland EH 101

Antrieb: 3 General Electric T700-T6A1-Turbinen mit je 2145 WPS (1600 kW) Leistung
Rotordurchmesser: 18,60 m
Rumpflänge: 19,50 m
Leermasse: 9600 kg
max. Abflugmasse: 15600 kg
Geschwindigkeit: Max: 310 km/h, Reise: 280 km/h
Reichweite: 1390 km mit Reserve
Platzangebot: 2 Besatzung und 40 Soldaten

Ab 2009 wird der amerikanische Präsident erstmals in der Geschichte auf eine Flotte europäischer Hubschrauber zurückgreifen.

Auch bei verschiedenen Landstreitkräften ist der AW 101 in der näheren Auswahl für zukünftige Programme.

Agusta Westland Lynx

Der Lynx (= Luchs) wurde, obwohl er Teil eines anglo-französischen Entwicklungsprogrammes war, fast ausschließlich von Westland weiterentwickelt und verkauft. Der erste Armeeprototyp legte am 21.3.1971, der Marineprototyp am 25.5.1972 den Jungfernflug ab. Die mit Rädern ausgestattete Marine- und mit Kufen ausgestattete Armeeversion wurden an die Streitkräfte von Argentinien, Belgien, Brasilien, Dänemark, Deutsch-

Visiereinrichtung, Kamera und Entfernungsmesser sitzen als Einheit direkt über der Kabine.

In Großbritannien ist der Lynx neben der Marine auch beim Heer im Einsatz.

Agusta Westland Super Lynx 300

Antrieb: 2 LHTEC CTS800-4N-Turbinen mit je 1361 WPS (1015 kW) Leistung
Rotordurchmesser: 12,80 m
Rumpflänge: 13,33 m
Leermasse: 3365 kg
max. Abflugmasse: 5330 kg
Geschwindigkeit: Max: 306 km/h, Reise: 245 km/h
Reichweite: 800 km mit Reserve
Platzangebot: 2 Besatzung und 9 Soldaten

land, Frankreich, Großbritannien, der Niederlande, Norwegen und an die Polizei von Quatar geliefert. Der verbesserte Lynx-3 wurde ab 1984 alternativ angeboten. Er erhielt die im BERP (British Experimental Rotor Program) entwickelten Rotorblätter mit neuem Blattprofil, das 30% mehr Auftrieb liefert. Außerdem ein neues Heckleitwerk, einen vergrösserten Rumpf, stärkere Rolls Royce Gem 60 Triebwerke und eine gegenüber dem ersten Lynx-Modell um fast 1200 kg erhöhte Abflugmasse. Am 11.8.1986 stellte ein Lynx den Geschwindigkeitsweltrekord mit 400,87 km/h über die 15/25 km Strecke auf. Auch Loopings und Rollen mit Drehwinkeln bis zu 100 Grad/sek schafft er problemlos. Im April 2002 flog der Super Lynx 300 erstmals. Er verbindet neueste Avionik mit moderneren Triebwerken, so dass die Seestreitkräfte bis zur Einführung des NH 90 mit dem Bau passender Schiffe ein modernes System im Einsatz haben können. Der Super Lynx wurde bereits an Thailand, Malaysia, Südafrika und den Oman geliefert. Im Juni 2006 hat das britische Verteidigungsministerium 70 Maschinen des Future Lynx im Gesamtwert von 1,45 Mrd. Euro für Army und Navy bestellt.

Innerhalb der letzten 20 Jahre wurde der Lynx oft kampfwertgesteigert. Immer noch stecken erhebliche Reserven in der Maschine, so dass sicherlich noch weitere Versionen entwickelt werden.

Agusta Westland Sea King

Der Sea King ist eine Modifikation des in Lizenz gefertigten Sikorsky S-61 (SH-3). Statt der General Electric T58-Triebwerke wurden die mit einem vollelektrischen Triebwerksregler ausgestatteten Rolls Royce Gnome H.1400-Triebwerke mit 1500 WPS Leistung eingebaut und die Avionik erweitert. Der Sea King Metallrotorblätter gegen Rotorblätter aus Faserverbundwerkstoffen mit einer vierfach längeren Lebenszeit ausgetauscht. Außerdem wurde ein verstärktes Getriebe eingebaut, wodurch die maximale Abflugmasse und damit die Nutzlast erhöht werden konnte.

Ein Augusta Westland Sea King der australischen Navy. Er fliegt auch bei der deutschen Marine, die ihn hauptsächlich als SAR-Hubschrauber oder als U-Boot-Jäger einsetzt.

wird vor allem für ASW –Aufgaben (Anti-Submarine-Warfare = U-Boot-Bekämpfung) eingesetzt. Er ist hierfür mit einem Tauchsonar, Suchradar und Autopilot ausgestattet, der es erlaubt, bei jedem Wetter in einer vorgegebenen Höhe zu schweben. Alle Sea-King-Versionen verfügen über eine automatische Faltanlage für den Hauptrotor und ein klappbares Rumpfhinterteil für die Unterbringung in Schiffshangars. Der Sea King wurde als Mk.41 an das Marinefliegergeschwader 5 nach Kiel (22 Stück), als Mk.42 nach Indien (15), als Mk.43 nach Norwegen (10), als Mk.45 nach Pakistan (6), als Mk.47 nach Ägypten (6), als Mk.48 nach Belgien (5) und als Mk.50 nach Australien (12) geliefert. Im Zuge von Kampfwertsteigerungsprogrammen wurden die

Agusta Westland Sea King Mk.2 SAR

Antrieb: 2 Rolls Royce Gnome H.1400-1-Turbinen mit je 1590 WPS (1186 kW) Leistung
Rotordurchmesser: 18,90 m
Rumpflänge: 17,02 m
Leermasse: 5447 kg
max. Abflugmasse: 9707 kg
Geschwindigkeit: Max: 230 km/h, Reise: 211 km/h
Reichweite: 1507 km ohne Reserve
Platzangebot: 2 Piloten und 28 Passagiere

Agusta Westland Wasp / Scout

Ursprünglich wurde der Scout (= Kundschafter) von Saunders-Roe unter der Bezeichnung P 531 entwickelt. Westland übernahm Saunders-Roe im Jahre 1960, nachdem der Scout bereits am 20.6.58 seinen Erstflug absolviert hatte. Die Heeresversion Scout unterscheidet sich von der Marine-Version Wasp durch sein festes Kufenlandegestell. Das Radfahrwerk des Wasp soll auch die harten Stöße beim Aufsetzen auf schwankenden Schiffen absorbieren. Die Rotorblätter und der Heckausleger lassen sich falten. In den Kästen unterhalb des Kabinendachs sind aufblasbare Schwimmkörper untergebracht. Der Wasp war als schiffsgestützter U-Boot-Bekämpfungs-Hubschrauber im Einsatz und wurde zwi-

Agusta Westland Wasp

Antrieb: 1 Rolls Royce Bristol Nimbus 503-Turbine mit 710 WPS (529 kW) Leistung
Rotordurchmesser: 9,83 m
Rumpflänge: 9,24 m
Leermasse: 1566 kg
max. Abflugmasse: 2495 kg
Geschwindigkeit: Max: 193 km/h, Reise: 177 km/h
Reichweite: 488 km ohne Reserve
Platzangebot: 1 Pilot und 4 Passagiere

Die Heeresversion Scout unterscheidet sich vom Marinemodell Wasp unter anderem durch das Kufengestell und die beidseitige Höhenleitwerksflosse.

Der Wasp wurde auf britischen Typ 21-Fregatten und Typ 42-Zerstörern zur U-Boot-Ortung und -Bekämpfung eingesetzt. Er wurde zum Großteil schon durch den Lynx ersetzt. Die seitlichen Wülste beherbergen aufblasbare Schwimmkörper.

Blick in die Röhren: Der doppelte »Auspuff« eines Scout.

schenzeitlich komplett vom Lynx ersetzt. Der Wasp zeigt eine an der linken Seite angeordnete Heckflosse, der Scout dagegen eine durchgehende Höhenleitwerksflosse auf beiden Seiten. Als Zusatzausrüstung sind eine Winde mit 272 kg Tragkraft und externe Behälter für den Transport von insgesamt vier Tragen erhältlich. Zusätzlich zu den 160 Scout für das Heer und den 98 Wasp für die Marine fertigte Westland weitere Scout für Jordanien, Australien, Bahrain und Uganda, außerdem Wasp für Brasilien, die Niederlande, Neuseeland und Südafrika. Nach Ausmusterung aus den Militärbeständen fliegen noch einige Wasp und Scout für private Liebhaber.

Eurocopter SA 315 Lama / SA 318 Alouette II

Der Eurocopter SA 315 B Lama ist das stärkste Modell aus einer Reihe von Hubschraubern, die im Laufe der Jahre in Frankreich entwickelt wurden. Der SE 3130 Alouette II flog erstmals am 12. März 1955, angetrieben von einem 200 PS-Kolbenmotor. Der Einbau der auch in der Serie verwendeten Turbomeca Artouste II-Turbine mit 360 WPS ermöglichte dem SE 3130 Alouette II am 6. Juni 1955 dann den Höhenweltrekord von 8209 Metern. Vom SE 3130, der 1967 in SE 313B umbenannt wurde, waren über 1000 Stück bei verschiedenen Streitkräften im Einsatz. Von 1964 bis 1975 war der SE 318 C Alouette II erhältlich, der sich nur durch die Verwendung einer 530 WPS

Eurocopter SA 315 B Lama

Antrieb: 1 Turbomeca Artouste IIIB-Turbine mit 870 WPS (649 kW) Leistung
Rotordurchmesser: 11,02 m
Rumpflänge: 12,92 m
Leermasse: 1021 kg
max. Abflugmasse: 2300 kg
Geschwindigkeit: Max: 210 km/h, Reise: 170 km/h
Reichweite: 425 km mit Reserve
Platzangebot: 1 Pilot und 4 Passagiere

Die Bezeichnung »Lama« verdient er zu Recht: Seine außergewöhnlichen Leistungen befähigen den Eurocopter 315 B Lama vor allem zu Einsätzen in heißen Klimazonen und in hochgelegenen Gebieten. Hier hilft ein Lama beim Bau eines Skilifts im schweizerischen Pontresina.

Seine enorme Wendigkeit demonstriert der Lama hier mit einem Betonkübel am Haken.

starken Turbomeca Astazou IIA-Turbine vom SE 313 B unterschied. Über 1300 Exemplare dieses Musters wurden von verschiedenen Staaten eingesetzt. Einige südamerikanische Länder zeigten Interesse am Alouette II, forderten aber bessere Höhenleistungen.Die Forderungen führten zum SA 315 B Lama mit Artouste IIIB-Triebwerk und höherem Kufengestell. Am 17. März 1969 startete er zum Jungfernflug, am 21. Juni 1972 stellte er mit 12442 m den noch heute gültigen Höhenweltrekord für Hubschrauber auf. Einige Exemplare des Lama wurden in Brasilien und Indien in Lizenz gebaut.

Eurocopter SA 316 / SA 319 Alouette III

Aufgrund seiner guten Höhenleistungen und der geräumigen Kabine dient der Alouette III in vielen Alpenländern als Rettungshubschrauber.

Mit dem Alouette III wurde Mitte der 50er Jahre ein siebensitziger Hubschrauber entwickelt, der neben der militärischen Verwendung auch für zivile Einsätze als Rettungshubschrauber, in der Pilotenausbildung und für Außenlasttransporte vorgesehen war. Mit dem Erstflug des SA 3160 am 28. Februar 1959 begann die Produktion einer der erfolgreichsten Hubschrauber-Baureihen aller Zeiten gestartet. Ab 1970 folgte der SA 316 B mit derselben, auf 570 WPS gedrosselten Turbomeca Artouste IIIB-Turbine mit einem verbesserten Getriebe und erhöhter Abflugmasse. 1972 erschien die Version SA 316 C mit Artouste III D. Parallel dazu wurde der SA 319 B Alouette III mit einer auf 600 WPS gedrosselten Astazou XIV-Turbine angeboten. Sie versprach gegenüber der Artouste III D verbesserte Leistungen bei einem um bis zu 25% verminderten Treibstoffverbrauch. Bis zum Produktionsende lieferte Aerospatiale fast 1450 Maschinen in 73 Länder aus. Lizenzen wurden nach Indien (200 Cheetah), Rumänien (130 IAR 316 B) und in die Schweiz (30 SE 316 S) vergeben. In Rumänien startete im April 1984 der Kampfhubschrauber IAC IAR-317 Airfox (auf Basis des Alouette III) zum Erstflug.

Eurocopter SA 316 B Alouette III

Antrieb: 1 Turbomeca Artouste IIIB-Turbine mit 870 WPS (649 kW) Leistung
Rotordurchmesser: 11,02 m
Rumpflänge: 10,03 m
Leermasse: 1143 kg
max. Abflugmasse: 2200 kg
Geschwindigkeit: Max: 210 km/h, Reise: 185 km/h
Reichweite: 495 km ohne Reserve
Platzangebot: 1 Pilot und 6 Passagiere

Eurocopter SA 321 Super Frelon

Mit dem Super Frelon (Frelon=Hornisse) schuf Aerospatiale den bisher größten europäischen Serienhubschrauber. Mit Hilfe von Fiat und Sikorsky entwickelte der Konzern einen Prototyp des SA 3210 Super Frelon, der am 7. Dezember 1962 zum Jungfernflug abhob. Ein halbes Jahr später stellte er mit 341.23 km/h über eine 3 km-Strecke, mit 350,47 km/h über einen 15/25 km-Kurs und mit 334,28 km/h über einen geschlossenen 100 km-Kurs drei Geschwindigkeitsrekorde auf. Folgende Versionen sind im Einsatz: a) Der SA 321 F als Verkehrshubschrauber mit geräuschisolierter und klimatisierter Kabine, b) der SA 321 G als U-Boot-Such- und Jagdhubschrauber der französischen Marine mit Schwimmrumpf und Stützschwimmern, c) der SA 321 H als Heeres- und Luftwaffentransporter mit Turmo IIIE-Triebwerken (ohne Stützschwimmer), d) der SA 321 J als kombinierter Personen- und Transporthubschrauber, e) der SA 321 K, der für die israelischen Streitkräfte mit General Electric T58-Triebwerken (1870 WPS) umgerüstet wurde, und f) der SA 321 L (ohne Stützschwimmer) für die Streitkräfte Lybiens und Südafrikas. China erhielt zwölf SA 321 JA und baute 6 Stück unter der Bezeichnung Z-8 in Lizenz. Insgesamt wurden 105 Super Frelon ausgeliefert.

Eurocopter SA 321 F Super Frelon

Antrieb: 3 Turboméca Turmo IIIC6-Turbinen mit je 1550 WPS (1156 kW) Leistung
Rotordurchmesser: 18,90 m
Rumpflänge: 19,40 m
Leermasse: 7580 kg
max. Abflugmasse: 12500 kg
Geschwindigkeit: Max: 270 km/h, Reise: 230 km/h
Reichweite: 750 km ohne Reserve
Platzangebot: 2 Piloten und 37 Passagiere

Der Super Frelon ist der größte europäische Hubschrauber, der in Serie ging. Er wurde in erster Linie für die französische Marine entwickelt, die ihn für Transportaufgaben und als Such- und Rettungshubschrauber einsetzt.

Winde des Super Frelon.

Ein Super Frelon bei einer Übung über der Seine in Paris

Eurocopter SA 330 Puma

Der Eurocopter SA 330 Puma wurde gemäß der Forderung des fanzösischen Heeres nach einem mittelschweren Hubschrauber entwickelt. Der Anforderungskatalog legte besonderen Wert auf die Allwettertauglichkeit und die Verwendbarkeit in den verschiedensten Klimazonen, um taktische Transportaufgaben zu erfüllen. Das Projekt, anfänglich unter der Bezeichnung Alouette IV geführt, erfüllte die Ansprüche des Heeres voll und ganz. Das französische Verteidigungsministerium bestellte 130 SA 330 B, die ab 1969 ausgeliefert wurden. Auch die englische Luftwaffe orderte den Puma, um ihn neben dem Chinook für Truppen- und Materialtransporte einzusetzen. Westland übernahm die Lizenzfertigung. Die Zivilversionen SA 330 G und SA 330 F flogen im September 1969 erstmals und wurden bis 1973 von Turmo IVA-Turbinen angetrieben; spätere Fertigungen erhielten Turmo IVC-Triebwerke. 1976 kamen die militärische Version SA 330 L und die baugleiche zivile Version SA 330 J auf den Markt. Kunststoffrotorblättern ermöglichten die Zulassung mit erhöhter maximaler Abflugmasse. Insgesamt wurden über 700 Puma gebaut, die bei vielen zivilen und militärischen Betreibern im Einsatz sind. So fliogen beispielsweise bei der deutschen Bundespolizei 22 SA 330 Puma in den Versionen F, G und J. Sie wurden in den letzten Jahren durch den stärkeren AS 332 Super Puma ersetzt.

Der Eurocopter SA 330 Puma wird bei zivilen und militärischen Betreibern hauptsächlich als Transporthubschrauber eingesetzt. Im Bild eine Maschine der französischen Luftwaffe.

Eurocopter SA 330 L Puma

Antrieb: 2 Turbomeca Turmo IVC-Turbinen mit je 1575 WPS (1174 kW) Leistung
Rotordurchmesser: 15,00 m
Rumpflänge: 14,06 m
Leermasse: 3615 kg
max. Abflugmasse: 7500 kg
Geschwindigkeit: Max: 275 km/h, Reise: 263 km/h
Reichweite: 570 km ohne Reserve
Platzangebot: 2 Besatzung und 20 Soldaten

Eurocopter AS 332 Super Puma / AS 532 Cougar

Durch den großen Erfolg des SA 330 Puma motiviert, experimentierte Aerospatiale mit einem mit Makila-Turbinen ausgerüstete Typ AS 331 Puma. Aerodynamische und dynamische Detailverbesserungen führten am 13. September 1978 zum Erstflug des AS 332 Super Puma. Der Super Puma bietet im Vergleich zum Puma bessere Leistungen, stabilere Flugeigenschaften durch eine neue Heckflosse, mehr Platz durch einen verlängerten Rumpf und eine einfachere Wartung. Folgende Versionen waren im Programm: a) AS 332 B (Heeresversion), b) AS 332 F (Marineversion mit klappbarem Heckausleger), c) AS 332 C (Zivilausführung) als Standardmodell mit 1755 WPS starken Makila 1A-Turbinen, d) AS 332 M (Militär) und e) AS 332 L (Zivil) mit einem um 76 cm verlängertem Rumpf, f) AS 532 L Cougar (Militär), g) AS 532 SC Cougar (Marine) sowie h) AS 332 C1 (zivil kurz) und AS 332 L1 Super Puma (zivil lang) mit 1900 WPS starken Makila 1A1-Turbinen, i) AS 532 AC Cougar (Militär kurz) und AS 532 AL (military lang) und j) AS 332 L2 Super Puma mit 2100 WPS starken Makila 1A2-Turbinen. Die Innenausstattung der bei Bristow Helicopters unter der Bezeichnung Bristow Tiger eingesetzten Maschinen kann mit jener von Linienflugzeugen konkurrieren. Insgesamt wurden über 650 Super Puma ausgeliefert. Sowohl die deutsche Bundespolizei als auch die Luftwaffe haben den Super Puma als VIP-Transporter im Einsatz.

Eurocopter AS 332 L1 Super Puma

Antrieb: 2 Turbomeca Makila 1A1-Turbinen mit je 1900 WPS (1417 kW) Leistung
Rotordurchmesser: 15,60 m
Rumpflänge: 16,29 m
Leermasse: 4460 kg
max. Abflugmasse: 8600 kg
Geschwindigkeit: Max: 295 km/h, Reise: 270 km/h
Reichweite: 870 km ohne Reserve
Platzangebot: 2 Piloten und 25 Passagiere

Ein Eurocopter AS 332 Super Puma über dem Flughafen von Osaka.

Der Super Puma ist ein sehr beliebter Such- und Rettungshubschrauber, der auch unter extremsten Wetterbedingungen eingesetzt werden kann.

Der Super Puma steht bei vielen großen Unternehmen, Regierungen und Königshäusern im Einsatz.

Vor allem der große Innenraum und die edle Innenausstattung zieht VIP-Kunden an.

Eurocopter SA 341/ SA 342 Gazelle

Obwohl der Eurocopter Gazelle als direkter Nachfolger des Alouette III konstruiert wurde, lassen sich doch kaum äußerliche Ähnlichkeiten zwischen beiden Modellen erkennen. Der Prototyp startete am 7. April 1967 zum Erstflug. Vollkommen neu war das gelenklose Hauptrotorsystem »System Bölkow« und der im Heck eingelassene, 13-blättrige Fenestron-Heckrotor. Aufgrund eines 1967 zwischen der britischen und französischen Regierung abgeschlossenen Vertrages wurde der Gazelle auch bei Westland gefertigt und in großen Stückzahlen vom britischen und französischen Heer sowie von der britischen Marine und Luftwaffe bestellt. Am 13. Mai 1971 stellte ein SA 341 Gazelle mit 310 km/h über eine 3 km lange Strecke, mit 312 km/h über einen 15/25 km Kurs und 296 km/h über eine 100 km lange Strecke drei Geschwindigkeitsweltrekorde auf. Der mit einer Turbomeca Astazou XIVH-Turbine und einem stärkeren Fenestron-Heckrotor verbesserte SA 342 K wurde als Exportversion angeboten. Die Verbesserungen führten zu Nachbestellungen durch die französischen Heeresflieger, die zu ihren SA 341 F und M weitere 128 SA 342 M als Panzerabwehrhubschrauber mit HOT-Raketen in Dienst stellten. Eurocopter hat insgesamt 1269 SA 341 und SA 342 Gazelle verkauft, die jugoslawische Lizenzfertigung nicht miteinberechnet.

Die hohe Geschwindigkeit und Wendigkeit der Gazelle-Reihe sorgte für hohe Absatzzahlen.

Eurocopter SA 342 L Gazelle

Antrieb: 1 Turbomeca Astazou XIVH-Turbine mit 870 WPS (649 kW) Leistung
Rotordurchmesser: 10,50 m
Rumpflänge: 9,53
Leermasse: 975 kg
max. Abflugmasse: 1900 kg
Geschwindigkeit: Max: 310 km/h, Reise: 270 km/h
Reichweite: 780 km ohne Reserve
Platzangebot: 1 Pilot und 4 Passagiere

Eurocopter AS 350 Ecureuil / AS 550 Fennec

Am 27. Juni 1974 startete der Prototyp des AS 350 Ecureuil (zu deutsch: Eichhörnchen) zum Erstflug. Der große Erfolg der Ecureuil-Serie, in den USA unter der Bezeichnung AStar geführt, ist unter anderem auf den wartungsarmen Hauptrotorkopf zurückzuführen, der durch den Einsatz von Verbundwerkstoffen mit ca. 70% weniger Teilen als ein klassischer Rotorkopf auskommt. Durch die günstigen Flugstundenpreise und das große Platzangebot hat sich der Ecureuil zum weit verbreiteten Mehrzweckhubschrauber entwickelt. Seit Anfang 1992 wird als Basisversion der AS 350 BA Ecureuil ausgeliefert, der gegenüber dem früheren AS 350 B eine um 150 kg auf 2100 kg erhöhte Abflugmasse bietet.

Eurocopter AS 350 B2 Ecureuil

Antrieb: 1 Turbomeca Arriel 2B1-Turbine mit 847 PS (632 kW) Leistung
Rotordurchmesser: 10,69 m
Rumpflänge: 10,93 m
Leermasse: 1228 kg
max. Abflugmasse: 2800 kg
Geschwindigkeit: Max: 287 km/h, Reise: 235 km/h
Reichweite: 720 km ohne Reserve
Platzangebot: 1 Pilot und 6 Passagiere

Ein AS 550 C2 Fennec in der Rolle als Panzerjäger.

Ein AS 350 B2 AStar der Polizei von Los Angeles kämpft sich durch den Großstadt-Dschungel.

Die Ecureuil-Versionen AS 350 L1 (Militärvariante mit Waffenträger) und AS 350 B2 werden durch eine Arriel 1D1-Turbine mit 742 PS (546 kW) Leistung angetrieben und haben die Haupt- und Heckrotorblätter des zweiturbinigen AS 355 Ecureuil 2. Militärvarianten waren der AS 550 U2 für Überwachungs- und Sanitätsaufgaben, AS 550 A2 für den Luftkampf und als Begleitschutz, und AS 550 C2 für die Panzerabwehr. Der seit Anfang 1997 erhältliche AS 350 B3 hat eine um weitere 17% stärkere Arriel 2 Turbine und soll den SA 315 B Lama ersetzen. Im militärischen Bereich wird dieses deutlich stärkere Modell als AS 550 C3 Fennec angeboten. Am 14.5.2005 erreichte ein AS 350 B3 mit der Landung auf dem höchsten Punkt der Erde, dem 8850 m hohen Mount Everest, einen nicht zu überbietenden Weltrekord. Im Jahr 2006 wurde der 3000ste Ecureuil ausgeliefert.

Eurocopter AS 355 Ecureuil / AS 555 Fennec

Der Erfolg von zweimotorigen Hubschraubern der Ecureuil-Gewichtsklasse und die Forderung nach Reserven im Falle eines Triebwerksausfalls veranlaßte Aerospatiale zur Entwicklung des AS 355 Ecureuil 2. Am 27.9.1979 flog die erste Serienversion AS 355 E Ecureuil 2 erstmals. Durch Verwendung breiterer Haupt- und Heckrotorblätter, eines verbesserten Getriebes, eines zweiten Generators und einer stärkeren Servoanlage konnte die Abflugmasse beim AS 355 F Ecureuil 2 um 200 kg, beim AS 355 F1 Ecureuil 2 um 300 kg und beim AS 355 F2 Ecureuil 2 um 440 kg erhöht werden. Der AS 355 N hatte mit seinen zwei Arrius 1A Triebwerken erstmals ausreichend Leistung, um bei Ausfall eines Triebwerkes

Zur Verringerung der Betriebskosten wurde für den Ecureuil ein relativ einfaches Rotorsystem entwickelt. Es sorgt darüberhinaus für einen ruhigen Flug und eine hohe Wendigkeit.

Der AS 355 kann aufgrund seiner guten Leistungen auch nach den neuesten europäischen Regelungen im Innenstadtbereich eingesetzt werden.

Eurocopter AS 355 NP Ecureuil

Antrieb: 2 Turbomeca Arrius 1A1-Turbinen mit je 556 WPS (415 kW) Leistung
Rotordurchmesser: 10,69 m
Rumpflänge: 10,93 m
Leermasse: 1490 kg
max. Abflugmasse: 2800 kg
Geschwindigkeit: Max: 272 km/h, Reise: 245 km/h
Reichweite: 550 km mit Reserve
Platzangebot: 1 Pilot und 5 Passagiere

die meisten Missionen zu Ende fliegen zu können. Am 15.Februar 2007 wurde die Version AS 355 NP zugelassen, die von zwei Arrius 1A1-Triebwerken angetrieben wird. In Kombination mit einem verstärkten Getriebe hat der AS 355 NP ein um 200 kg erhöhtes Abfluggewicht für Aussenlastflüge. Vorteil der neuen Triebwerke ist, das sie beim Ausfall eines Triebwerkes (OEI-One Engine Inoperative) mehr Leistung bieten als die Triebwerke des AS 355 N. Über 500 Stück des in Amerika als Twin Star bezeichneten Hubschraubers sind für VIP-Transporte, als Offshorezubringer und in der Luftrettung eingesetzt. Die Militärversion AS 555 Fennec wird unter der Bezeichnung AS 555 SN als U-Bootjagdhubschrauber angeboten.

Eurocopter SA 360 Dauphin

Der einturbinige Eurocopter SA 360 Dauphin war als Nachfolger für den Alouette III vorgesehen, der Erstflug mit einer 980 PS leistenden Astazou XVI-Turbine fand am 2. Juni 1972 statt. Für die Vorstellung auf dem Pariser Aéro Salon 1973 wurde ein Artouste XVIIIA-Triebwerk eingebaut und die bis dahin verwendeten Alouette III-Rotorblätter gegen neuentwickelte GFK-Blätter ausgetauscht. Diese Maßnahmen sorgten zusammen mit anderen Optimierungen für eine Dämpfung der Vibrationen im Vorwärtsflug. In den darauffolgenden Wochen stellte der SA 360 drei Geschwindigkeitsweltrekorde auf: 299 km/h auf einem geschlossenen 100 km-Kurs, 312 km/h über 3 km und 303 km/h über 15 km. Dabei war jeweils eine Zuladung an Bord, die dem Gewicht von acht Passagieren entsprach. Der erste Serien-SA 360 C kam im April 1975 aus der Montagehalle. Da der Markt für einen einturbinigen Hubschrauber dieser Größe nicht groß genug war, stellte die damalige Aerospatiale die Produktion nach 36 verkauften Maschinen ein.

Eurocopter SA 360 C Dauphin

Antrieb: 1 Turbomeca Astazou XVIIIA-Turbine mit 1050 WPS (783 kW) Leistung
Rotordurchmesser: 11,50 m
Rumpflänge: 10,98 m
Leermasse: 1560 kg
max. Abflugmasse: 3000 kg
Geschwindigkeit: Max: 315 km/h, Reise: 275 km/h
Reichweite: 680 km ohne Reserve
Platzangebot: 1 Pilot und 14 Passagiere

Trotzdem versuchte man, den militärischen SA 361 H mit Astazou XXB-Turbine an das französische Heer zu verkaufen. Die Leistungen waren jedoch für die Aufnahme der geforderten acht HOT-Raketen zu schwach, so daß auch der SA 361 H zugunsten des zweiturbinigen Dauphin eingestellt wurde.

Die einturbinige Version des Dauphin wird oft für Zubringerdienste eingesetzt.

Eurocopter AS 365 Dauphin / AS 565 Panther

Eurocopter AS 365 N3 Dauphin

Antrieb: 2 Turbomeca Arriel 2C-Turbinen mit je 977 WPS (729 kW) Leistung
Rotordurchmesser: 11,94 m
Rumpflänge: 11,63 m
Leermasse: 2389 kg
max. Abflugmasse: 4300 kg
Geschwindigkeit: Max: 306 km/h, Reise: 275 km/h
Reichweite: 827 km ohne Reserve
Platzangebot: 1 Pilot und 12 Passagiere

Die französische Marine ist ein zufriedener Kunde der verschiedensten Dauphin- / Panther-Versionen.

Mit weit über 800 verkauften Exemplaren erheblich erfolgreicher als der SA 360 ist der von zwei Turbinen angetriebene AS 365 Dauphin. Als SA 365 C erhob er sich am 24.1.1975 zum Jungfernflug. Der später erschienene und erfolgreichere AS 365 N Dauphin 2 glich dem SA 365 C zwar äußerlich, erhielt aber zu 90% neue oder überarbeitete Bauteile (75% aus Kunststoffen). Auch der Rotorkopf wurde vereinfacht. In der aktuellen Version AS 365 N3 werden 18% stärkere Arriel 2C verwendet, was die Leistungen weiter verbessert. Als Militärversionen entstanden der AS 365 F mit faltbaren Rotorblättern und vergrößertem Fenestron-Heckrotor und der AS 365 M Panther. Der Panther stellte mit Bewaffnung am 15.9.1987 zwei Steigzeitweltrekorde mit 2 min 54 sek auf 3000 Meter Höhe und mit 6 min 14 sek auf 6000 Meter Höhe auf. Aktuelle Militärversionen sind der AS 565 UB (Heer) und MB (Marine) Panther. Der HH-65 A Dolphin (SA 366 G1 Coast Guard) für die amerikanische Küstenwache flog am 23.7.1980 mit zwei Lycoming LTS101-750A-Turbinen erstmals. Er hat einen um 20 cm vergrößerten und mit 11 statt 14 Blättern ausgestatteten Heckrotor. Bis April 2007 wurden 84 Dolpins der Küstenwache mit Turboméca Arriel-2C2-Triebwerken und moderner Avionik

Ausgestattet als VIP-Transporter, präsentiert sich dieser Dauphin 2 in den Farben der Hankyu Airlines.

auf die Version HH-65 C upgegradet. In einer Hochgeschwindigkeits-Experimentalversion erreichte ein Dauphin eine Geschwindigkeit von 371 km/h.

Eurocopter BK 117

Mitte der siebziger Jahre entstanden bei MBB und der japanischen Kawasaki Heavy Industries Hubschrauberprojekte ähnlicher Größenordnung unter der Bezeichnung Bo 107 und KH-7. Zur Senkung der Entwicklungskosten wurde im Februar 1977 ein Kooperationsvertrag unterzeichnet, wonach beide Partner bestimmte Baugruppen am gemeinsamen Projekt BK 117 entwickeln und fertigen sollten. 1979 sollten je zwei Prototypen bei Kawasaki und MBB fliegen, wobei Kawasaki bis dahin nur einen Prototypen gefertigt hatte. Am 13. Juni 1979 flog der Prototyp P2 in Ottobrunn, am 10. August 1979 der Prototyp P3 in Gifu erstmals. Von Anfang an war der BK 117 im Rettungsdienst erfolgreich, vor allem in den Vereinigten Staaten. Die Versionen BK 117 B2 mit zwei Lycoming- und BK 117 C1 mit zwei Turboméca Arriel 1E-Turbinen unterscheiden sich von früheren BK 117 A- und B-Serien durch eine um 150 kg erhöhte Abflugmasse. Der BK 117 C1 verfügt zusätzlich über einen verbesserten Heckrotor, eine neue Triebwerkssteuerung, bessere Höhenleistungen und darf 150 kg mehr Außenlast befördern als der BK 117 B2. Die Weiterentwicklung BK 117 C2 erhielt eine neue Kabine und ist als EC 145 sehr erfolgreich am Markt.

Eurocopter BK 117 B2

Antrieb: 2 Lycoming LTS 101-750 B1-Turbinen mit je 550 WPS (410 kW) Leistung
Rotordurchmesser: 11,00 m
Rumpflänge: 9,91 m
Leermasse: 1732 kg
max. Abflugmasse: 3350 kg
Geschwindigkeit: Max 259 km/h, Reise: 246 km/h
Reichweite: 541 km ohne Reserve
Platzangebot: 1 Pilot und 10 Passagiere

BK 117 der Deutschen Rettungsflugwacht am Autobahndreieck Leonberg.

Eurocopter Bo 105

Bo 105 im Offshore-Einsatz. Man beachte die sturmumtoste Landeplattform auf dem Leuchtturm, die für Wartungsarbeiten regelmäßig angeflogen wird.

Panzerknacker: Ein Bo 105 PAH-1 mit Panzerabwehr-Lenkwaffensystem TOW.

Die Ursprünge des wendigen, fünfsitzigen Bo 105 reichen bis ins Jahr 1961 zurück. Die Auslegung mit zwei Turbinen und einem revolutionären gelenklosen Hauptrotor führte zu interessanten Ergebnissen: Obwohl die Maschine durch die beiden Turbinen relativ teuer war, sorgte der Wegfall der Schlag- und Schwenkgelenke für günstige Flugstundenpreise. Die große Wendigkeit und die Zweiturbinen-Sicherheit machten ihn zum beliebten Rettungshubschrauber. Ein Großauftrag kam vom Heer der Bundeswehr, das 227 Bo 105 M VBH (Verbindungshubschrauber) und 212 Bo 105 PAH-1 (Panzerabwehrhubschrauber) betreibt. Nachdem zwei der Prototypen von 375 WPS leistenden MAN-Turbinen angetrieben wurden, erhielt der Prototyp V5 die Rolls Royce 250C-20 Turbinen mit 405 WPS Leistung, die auch in der ersten Serienversion Bo 105 C eingebaut wurden. 1976 folgte der mit zwei 420 WPS starken Rolls Royce 250C-20B ausgerüstete Bo 105 CB, 1977 der um 25 cm verlängerte Bo 105 CBS. Die beiden Rolls Royce 250C-28C des Bo 105 LS A-2 mit je 550 WPS (erstmals im Bo 105 LS eingebaut) liessen Flüge bis in 6100 Meter Höhe zu. Durch kontinuierliche Modellpflege wurden die Leistungen bis zu den letzten Modellen Bo 105 Super Five und Bo 105 LS A-3 Super Lifter weiter gesteigert. Insgesamt wurden bis zur Einstellung der Bo 105-Produktion 1406 Maschinen ausgeliefert.

Eurocopter Bo 105 CBS Super Five

Antrieb: 2 Rolls Royce 250C-20B-Turbinen mit je 420 WPS (313 kW) Leistung
Rotordurchmesser: 9,84 m
Rumpflänge: 8,81 m
Leermasse: 1301 kg
max. Abflugmasse: 2500 kg
Geschwindigkeit: Max: 270 km/h, Reise: 245 km/h
Reichweite: 590 km ohne Reserve
Platzangebot: 1 Pilot und 5 Passagiere

Der Bo 105 war der erste Hubschrauber in seiner Größenklasse, der zwei Turbinen und einen gelenklosen Hauptrotor erhielt. Im Bild die beiden Versuchsmuster V2 und V3.

Eurocopter EC 120 Colibri

Eurocopter EC 120 B Colibri

Antrieb: 1 Turboméca Arrius 2F-Turbine mit 504 WPS (376 kW) Leistung
Rotordurchmesser: 10,00 m
Rumpflänge: 9,60 m
Leermasse: 965 kg
max. Abflugmasse: 1800 kg
Geschwindigkeit: Max: 278 km/h, Reise: 235 km/h
Reichweite: 771 km ohne Reserve
Platzangebot: 1 Pilot und 4 Passagiere

Um die Nachfolge für den SA 350 Ecureuil und den SA 341 Gazelle sicherzustellen, rief Aerospatiale im Januar 1988 das Projekt eines neuen fünfsitzigen Hubschraubers ins Leben. An der Entwicklung beteiligten sich Aerospatiale, Aerospace Technologies of Australia (ASTA), und die China Aero Technology Import and Export Corp. (CATIC). Im Frühjahr 1989 stieß die staatliche Singapore Aerospace Industries (SAI) zu dieser Entwicklungsgruppe. Nach den Studentenunruhen in China (Stichwort: »Platz des Himmlischen Friedens«) brach Frankreich sämtliche Kontakte zu China ab, so daß das Projekt längere Zeit auf Eis lag. Daraufhin verließ die australische ASTA den Entwicklungsverbund. Mit dem starken Engagement im asiatischen Raum geht Eurocopter auf Marktprognosen ein, die in dieser Region einen Bedarf von 1500 bis 2000 Einturbinen-Hubschraubern in der 1,5 Tonnen-Klasse sehen. Da Eurocopter mit dem EC 135 bereits einen Hubschrauber in der 2 – 3 Tonnen-Klasse anbietet, wurde der anfänglich mit 2,2 Tonnen Abflugmasse geplante EC 120 verkleinert. Der EC 120 startete am 9. Juni 1995 bei Eurocopter in Marignane zum Erstflug. Von der Erstauslieferung Mitte 1997 bis Mitte 2007 wurden knapp 500 Maschinen gebaut. CATIC verkauft den EC 120 in China unter der Bezeichnung HC 120.

Aufgrund seines gefälligen Designs ist der EC 120 vor allem bei privaten Betreibern ein großer Erfolg.

Eurocopter EC 130

Der EC 130 ist sehr leise und findet vor allem im Grand Canyon und auf Hawaii einen großen Markt.

Die erste Maschine des EC 130, einer Weiterentwicklung aus der AS 350 B3 Ecureuil, wurde im Juni 2001 an den Erstkunden Blue Hawaiian Helicopters ausgeliefert. Die enorme Leistung des Arriel 2B1-Triebwerks, die beim AS 350 B3 vor allem bei Arbeitsflügen in den Bergen benötigt wird, wird beim EC 130 dazu genutzt, um 1 oder 2 weitere Passagiere zu transportieren. Gegenüber dem AS 350 B3 wurde die Kabine um 16 cm verbreitert, so dass sich der Innenraum um fast 10% vergrößert hat. In der vorderen Sitzbank wird je nach Bedarf einer bzw. zwei weitere, ergonomisch überarbeitete und energieabsorbierende Sitze eingefügt. Ausserdem wurde ein aerodynamisch günstigeres Kufenlandegestell verwendet. Um den Zielmarkt der Tourismusflüge besser bedienen zu können, entwickelte Eurocopter einen verbesserten Fenestron-Heckrotor sowie eine Hauptrotor-Drehzahlsteuerung, die die Drehzahl im Reiseflug automatisch reduziert. Der EC 130 ist damit 8,5 dB leiser als die Anforderungen der ICAO und unterschreitet deutlich die strikten Lärmanforderungen für US-Nationalparks wie dem Grand Canyon. Der EC 130 ist deshalb in diesem Markt und bei Geschäftsreisekunden sehr beliebt, so dass bereits im Dezember 2004 der 100ste EC 130 ausgeliefert wurde. Alleine der in Las Vegas ansässige Rundfluganbieter Maverick Helicopter betreibt insgesamt 45 EC 130 und Grand Canyon Helicopters hat nach der neuesten Bestellung von zehn plus einer Option von fünf Maschinen 25 EC 130 in der Flotte.

Eurocopter EC 130 B4

Antrieb: 1 Turboméca Arriel 2B1-Turbine mit 847 WPS (632 kW) Leistung
Rotordurchmesser: 10,69 m
Rumpflänge: 10,68 m
Leermasse: 1370 kg
max. Abflugmasse: 2800 kg
Geschwindigkeit: Max: 287 km/h, Reise: 255 km/h
Reichweite: 720 km ohne Reserve
Platzangebot: 1 Pilot und 7 Passagiere

Eurocopter EC 135 / EC 635

Der EC 135 hat sich international vor allem als Rettungshubschrauber durchgesetzt

Die spätere Eurocopter-Tochter MBB plante mit dem Bo 108 einen »Technologie-Demonstrator«, als dieser im Oktober 1988 seinen Erstflug absolvierte. Nach der Vorstellung des Prototypen auf mehreren internationalen Tagungen und Luftfahrtshows stieg das Interesse an einer Serienfertigung. Am 5. Juni 1991 flog der zweite Prototyp erstmals. Im Unterschied zum ersten, den zwei Rolls Royce 250C-20R Turbinen mit je 470 WPS antrieben, erhielt der zweite Prototyp zwei Turbomeca TM 319-1B-Turbinen mit je 430 WPS, eine um 15 cm verlängerte Zelle und einen um 10 cm verbreiterten Innenraum. Mit der Gründung von Eurocopter wurde der Bo 108 in EC 135 umbenannt, der den von Gazelle und Dauphin bekannten Fenestron-Heckrotor und andere Triebwerke erhalten sollte. Nach den Modifikationen flogen alle drei Prototypen 1994 erstmals, wobei die Prototypen S01 und S03 von Turbomeca Arrius 2B-Triebwerken, S02 von Pratt & Whitney PW206B-Turbinen angetrieben wurden. In der Serienausführung kann der Kunde zwischen den beiden Triebwerk-Modellen wählen. Unter der Bezeichnung EC 635 ist eine militärische Ausführung erhältlich, die u.a. in die Schweiz und nach Jordanien geliefert wurde. Insgesamt haben Eurocopter-Kunden über 500 EC 135 vor allem auch im Rettungsdienst und bei der Polizei im Einsatz. Neuestes Modell ist seit Ende 2006 der EC 135 P2 bzw T2 mit einem um 75 kg erhöhten Abfluggewicht.

Eurocopter EC 135 T2i

Antrieb: 2 Turbomeca Arrius 2B2-Turbinen mit je 634 WPS (473 kW) Leistung
Rotordurchmesser: 10,20 m
Rumpflänge: 10,20 m
Leermasse: 1455 kg
max. Abflugmasse: 2910 kg
Geschwindigkeit: Max: 278 km/h, Reise: 230 km/h
Reichweite: 665 km ohne Reserve
Platzangebot: 1 Pilot und 7 Passagiere

Eurocopter EC 145

Eurocopter EC 145

Antrieb: 2 Turbomeca Arriel 1E2-Turbinen mit je 692 WPS (516 kW) Leistung
Rotordurchmesser: 11,00 m
Rumpflänge: 10,19 m
Leermasse: 1804 kg
max. Abflugmasse: 3585 kg
Geschwindigkeit: Max: 278 km/h, Reise: 254 km/h
Reichweite: 700 km ohne Reserve
Platzangebot: 1 Pilot und 9 Passagiere

Der EC 145 ist eine Weiterentwicklung aus dem BK 117 von Eurocopter und Kawasaki. Er hat eine gegenüber seinem Vorgänger um 40 cm verlängerte und um 18 cm verbreiterte Kabine sowie eine auf rund 1770 kg erhöhte Nutzlast. Die an den EC 135 angelehnten aerodynamischen Verbesserungen ermöglichen eine Erhöhung der Reichweite um fast 25% auf 700 km und der Höchstgeschwindigkeit auf 278 km/h. Damit ging Eurocopter vor allem auf die Forderungen von Luftrettungsdiensten und VIP-Kunden ein, die bei vergleichbaren Wettbewerbsmaschinen der neuen Generation eine größeres Platzangebot, höhere Abflugmassen und schnellere Geschwindigkeiten fanden. Der bei Eurocopter gebaute Prototyp hatte am 12.Juni 1999 in Donauwörth seinen Erstflug, der bei Kawasaki gebaute zweite Prototyp flog am 15.März 2000 in Gifu erstmals. Kawasaki vermarktet den BK 117 in Japan nicht unter der Bezeichnung EC 145 sondern unter der Bezeichnung BK 117 C-2, die den Namen Kawasaki beinhaltet (BK=Bölkow Kawasaki). Eurocopter gewann 2006 einen mehr als 3 Milliarden US$ schweren Auftrag der US Army für den Ersatz von UH-1 und OH-58. Hier trägt der EC 145 die Bezeichnung UH-72A Lakota und soll vor allem bei der Nationalgarde im Bereich des Heimatschutzes eingesetzt werden.

Der über 3 Mrd.US-$ schwere Auftrag der US Army ist für Eurocopter ein weiterer Meilenstein auf dem Weg in den amerikanischen Markt.

Eurocopter EC 155

Am 17.Juni 1997 flog der EC 155 unter der Bezeichnung AS 365 N4 erstmals. Optisch ist die Abstammung nicht zu übersehen, auch wenn der EC 155 eine völlig neue Generation von Hubschraubern repräsentiert. Der EC 155 hat ein gegenüber dem AS 365 Dauphin um 40 Prozent vergrößertes Kabinenvolumen. In der um 18 cm höheren und um 30 cm längeren sowie verbreiterten Kabine finden 12 Passagiere komfortabel Platz. Zur Verbesserung der Leistung und zur Senkung des Geräuschpegels wurde ein gegenüber dem Dauphin um 67 cm im Durchmesser vergrößerter Spheriflex-Fünfblattrotor und ein überarbeiteter Fenstron-Heckrotor der 3. Generation verwendet. Die automatische Regulierung der Rotordrehzahl beeinflußt die Geräuschentwicklung zusätzlich positiv. Kurz nach Zulassung des EC 155 Mitte Dezember 1998 wurde die erste Maschine an die Bundespolizei ausgeliefert, die ein erstes Los von 13 Maschinen als Ersatz für die in die Jahre gekommenen UH-1D bestellt hat. In der Version EC 155 B1 wurde das Abfluggewicht erhöht und die Betriebskosten durch verbesserte Wartungszyklen reduziert. Um den Einsatz auf Bohrinseln zu verbessern, wurden »coning stops« angebracht, die das Anlassen des Rotors bei Windgeschwindigkeiten bis zu 100 km/h ermöglichen. Eurocopter hat bereits mehr als 100 EC 155 verkauft.

Eurocopter EC 155 B1

Antrieb: 2 Turbomeca Arriel 2C2-Turbinen mit je 948 WPS (697 kW) Leistung
Rotordurchmesser: 12,60 m
Rumpflänge: 12,71 m
Leermasse: 2619 kg
max. Abflugmasse: 4920 kg
Geschwindigkeit: Max: 324 km/h, Reise: 280 km/h
Reichweite: 847 km ohne Reserve
Platzangebot: 2 Piloten und 13 Passagiere

Das herausragende Merkmal des EC 155 ist die hohe Reisegeschwindigkeit, was ihn vor allem bei VIP-Kunden und bei der Polizei beliebt macht.

Eurocopter EC 225 / EC 725

Der EC 225 (Zivil) und EC725 (Militär) ist eine Weiterentwicklung des AS 332/AS 532 mit fünf Rotorblättern. Die Entwicklung der Militärversion EC 725 wurde Ende 1999 begonnen, da die Forderung des französischen Militär nach einem Transporthubschrauber mit 11 Tonnen Abflugmasse mit den dynamischen Komponenten und dem Rotorsystem des AS 532 nicht erfüllt werden konnte. Die Entwicklung des Rotorsystems und die Integration der stärkeren Turbinen sowie des verstärkten Getriebes sorgte allerdings für einige Probleme, so dass die ersten Auslieferungen erst 2006 erfolgten. Der 5-Blatt-Hauptrotor hat ein geringes Vibrationsniveau und in die Hauptrotorblätter aus Verbundwerkstoff sind Heizmatten eingelegt, so dass Flüge unter allen Vereisungsbedingungen möglich sind. Um den Forderungen der Militärs zu entsprechen, wurde die Zelle zur Verbesserung der Bruchsicherheit verstärkt und die Radarreflexion durch einen hohen Kohlefaseranteil minimiert. Für sogenannte CSAR (Combat Search and Rescue)-Mission kann der EC 725 mit 12 Krankentragen, einer Luftbetankungssonde, Rettungswinde, FLIR, aufblasbaren Schwimmern und gepanzerten Türen und Sitzen ausgestattet werden. Zum Selbstschutz gibt es Einrichtungen zur Kühlung der Abgase, Warn- und Täuschanlagen gegen Beschuss sowie eine wahlweise Bewaffnung mit 2,75'' Raketenwerfern, 7,62 mm Maschinengewehre oder 20 mm Kanonen. Das Glas-Cockpit mit 6 Bildschirmen, die hohe Zuladung und die große Reichweite machen den zivilen EC 225 zum großen Verkaufserfolg im VIP-Bereich und als Zubringer für Bohrinseln.

Eurocopter EC 225

Antrieb: 2 Turbomeca Makila 2A-Turbinen mit je 2411 WPS (1798 kW) Leistung
Rotordurchmesser: 16,20 m
Rumpflänge: 16,79 m
Leermasse: 5256 kg
max. Abflugmasse: 11200 kg
Geschwindigkeit: Max: 305 km/h, Reise: 270 km/h
Reichweite: 820 km ohne Reserve
Platzangebot: 2 Piloten und 25 Passagiere

Das moderne Konzept des EC 225 / EC 725 wird den Erfolg der Super Puma-Familie fortsetzen.

Eurocopter Tiger / Gerfaut

Die sich seit den 90er Jahren ständig ändernden Anforderungen an die Streitkräfte und die angespannte Haushaltslage haben das Tiger-Programm immer wieder ausgebremst. So wurden die ersten Maschinen mit mehr als 10 Jahren Verzögerung an die deutschen und französischen Streitkräfte geliefert.

Der Erstflug des Eurocopter Tiger am 27. April 1991 war der sichtbare Erfolg der Zusammenarbeit zwischen den früheren Firmen MBB und Aerospatiale (nun Eurocopter). 2000 Stunden Erprobung hatten die Prototypen bis zur Zulassung hinter sich. 427 Maschinen in drei Ausführungen wurden ursprünglich von den deutschen und französischen Streitkräften geordert: Die Mehrzweck-Variante UHT, die Begleitschutz-Version HAP und die Panzerabwehr-Variante HAC/PAH-2. Nach den Vereinbarungen vom Mai 1984 hätten die ersten Maschinen schon 1992/93 ausgeliefert werden sollen, doch die Anforderungen waren so unterschiedlich, daß die Kosten zu explodieren drohten. Nach langem Ringen einigte man sich auf Grundausführungen, so daß das Programm weitergeführt werden konnte. Für die Sicherheit der Besatzungen wurde im Tiger vieles getan: Rotorblätter, Nabe und Sitze sind beschußsicher, der Tank ist crashstabil und selbstdichtend, das Hauptgetriebe läuft 30 Minuten lang ohne Schmierung, das Cockpit ist ABC-geschützt und der Abgasstrahl wird mit Frischluft gemischt, um die Anfälligkeit gegen IR-Waffen zu senken. Darüberhinaus ist die Gesamtstruktur so ausgelegt, daß Pilot und Bordschütze einen Aufprall mit einer Sinkrate bis zu 10,5 m/s ungeschadet überstehen. Anfang 2007 waren von den insgesamt 206 Bestellungen (je 80 für Deutschland und Frankreich, 22 für Australien, 24 für Spanien) gerade einmal 24 Maschinen ausgeliefert.

Eurocopter Tiger

Antrieb: 2 Rolls-Royce/Turbomeca/MTU MTR 390-Turbinen mit je 1300 WPS (969 kW) Leistung
Rotordurchmesser: 13,00 m
Rumpflänge: 14,08 m
Leermasse: 4325 kg
max. Abflugmasse: 6000 kg
Geschwindigkeit: Max: 295 km/h, Reise: 280 km/h
Reichweite: 800 km
Platzangebot: 2 Besatzung

Guimbal Cabri G2

Wenn Guimbal in der Vermarktung ebenso viel Geschick beweist wie in der Entwicklung seines Cabri, dann wird in den nächsten Jahren eine ernsthafte europäische Konkurrenz für Robinson entstehen.

Der französische Ingenieur Bruno Guimbal hatte sich bei Eurocopter seit 1982 mit einem Kleinhubschrauberprojekt beschäftigt, bevor er Ende 2000 die Firma Hélicoptères Guimbal gründete. Nachdem Eurocopter entschied, dass das Projekt nicht in ihr Portfolio passt, sammelte er bei 40 Industriepartnern über 3 Millionen Euro Kapital, um die Entwicklung und Zulassung voran zu treiben. Ein technischer Demonstrator war bei Eurocopter zwischen 1993 und 1998 bereits insgesamt 150 Stunden lang geflogen. Der Erstflug des Cabri G2 fand dann am 31.3.2005 in Aix-les-Milles statt. Er stellte bereits am 21.8.2005 drei Weltrekorde in der Klasse E-1a der kolbengetriebenen Hubschrauber unter 500 kg auf: Den Höhenweltrekord mit 6658 m sowie die Weltrekorde für schnellstes Steigen auf 3000 m und 6000 m Höhe. Mit Features wie extremer Wendigkeit, aktiver und passiver Crashsicherheit, einem großen Gepäckfach und moderner Avionik zielt Guimbal auf den von Robinson beherrschten Markt, auf dem er nach eigenen Einschätzungen bis zu 200 Maschinen im Jahr absetzen möchte. Eurocopter unterstützt den ehemaligen Mitarbeiter bei der Entwicklung des Cabri. Guimbals früherer Arbeitgeber liefert die Zelle und Hauptstruktur aus Verbundwerkstoffen und hat die Firma zusätzlich mit der Produktion einer unbemannten Drohne auf Basis des Cabri beauftragt. Die Zulassung nach EASA und FAA Part 27 wird mit Hochdruck betrieben und soll spätestens 2008 erfolgen.

Guimbal Cabri G2

Antrieb: 1 Lycoming O-360-J2A-Kolbentriebwerk mit 145 PS (106 kW) Leistung
Rotordurchmesser: 6,50 m
Rumpflänge: 5,75 m
Leermasse: 420 kg
max. Abflugmasse: 700 kg
Geschwindigkeit: Max: 222 km/h, Reise: 185 km/h
Reichweite: 760 km mit Reserve
Platzangebot: 1 Pilot und 1 Passagier

NH Industries NH-90

Wegen des hohen Alters des UH-1D wird der NH-90 bei der Bundeswehr schon lange erwartet. Da sich die Einführung jedoch weiter verzögert, werden die UH-1D wohl noch einige Jahre lang zu hören sein.

Das Projekt NH-90 (Nato-Hubschraubers der 90er Jahre) wurde 1985 geboren. In Zusammenarbeit von Eurocopter, Agusta und Fokker sollten zwei Versionen, der TTH (Tactical Transport Helicopter) und der NFH (NATO Frigate Helicopter) entwickelt werden. Finanzielle Turbulenzen im Verteidigungshaushalt der verschiedenen Länder verursachten jedoch Verzögerungen und Verschiebungen der Anteile. Zur Zeit hält Eurocopter 62,5 Prozent, Agusta Westland 32 Prozent und Fokker 5,5 Prozent am NH-90-Programm. Aufgrund der knappen Verteidigungsetats reduzierte sich der ursprünglich von den Partnern angemeldete Gesamtbedarf von 726 Maschinen (Frankreich 220, Deutschland 272, Holland 20, Italien 214) auf 495 Bestellungen plus 60 Optionen aus 12 Ländern (Stand 2007). Der Erstflug fand am 18.Dezember 1995 statt. Die Maschinen sind für die Einsatzspektren SAR (Search and Rescue), ASW (Anti-Submarine-Warfare), AAW (Anti-Aircraft-Warfare); als Truppentransporter und für taktische Transportaufgaben ausgelegt. Sie bekommen als erste Hubschrauber dieser Klasse eine Heckrampe zum Mitführen leichter Fahrzeuge. Neben den General Electric T700-Triebwerken sind als Antrieb auch Rolls Royce/Turbomeca/MTU RTM 322-Turbinen erhältlich.

NH Industries NH-90 TTH

Antrieb: 2 General Electric T700-T6E1-Turbinen mit je 1692 WPS (1262 kW) Leistung
Rotordurchmesser: 16,30 m
Rumpflänge: 16,13 m
Leermasse: 5455 kg
max. Abflugmasse: 10600 kg
Geschwindigkeit: Max: 305 km/h, Reise: 260 km/h
Reichweite: 800 km
Platzangebot: 3 Besatzung und 20 Soldaten

GUS

Der Mi-28 trägt seinen NATO-Beinamen Havoc (=Verwüster) wohl zu Recht, wie diese Frontaufnahme verdeutlicht: Neben der 30 mm-Bordkanone ist er mit 16 Panzerabwehr-Lenkflugkörpern und zwei Behältern für je 20 ungelenkte Luft-Boden-Raketen bestückt.

Die sowjetische Luftfahrtindustrie beschäftigte sich schon in den zwanziger Jahren mit Hubschrauber- und Tragschrauberkonstruktionen. Verschiedene Konstruktionsbüros entwickelten die unterschiedlichsten Maschinen; keineerzielte jedoch Leistungen, die eine Serienfertigung rechtfertigen. Erst Ende 1947, als die Forderung nach einem sowohl zivil wie auch militärisch einsetzbaren zwei- bis dreisitzigen Verbindungshubschrauber mit Tag- und Nachtflugtauglichkeit aufkam, wurden die verschiedenen Konstruktionstätigkeiten massiv forciert. Drei Konstruktionsbüros unter Mikhail Mil, Alexandr Yakovlev und Ivan P.Bratukhin entwarfen drei völlig unterschiedliche Konzeptionen. Bratukhins B-11 war ein großer Hubschrauber mit zwei auf Tragflächen angebrachten gegenläufigen Rotoren. Yakovlev legte mit seinem Yak-100 ein dem S-51 sehr ähnliches Projekt vor, das im Unterschied zu seinen früheren Konstruktionen einen klassischen Haupt- und Heckrotor vorwies. Die Ähnlichkeiten waren so groß, daß man durchaus von

SM-1 bei einer Luftfahrtausstellung in Moskau.

einem unlizenzierten Nachbau des Sikorsky-Modells ausgehen kann. Mil entwickelte mit seinem Mi-1 eine viersitzigen Maschine, die gewisse konstruktive Ähnlichkeiten zu westlichen Maschinen nicht verleugnen konnte. Der Mi-1 konnte mehr Nutzlast als der Yak-100 aufnehmen und schien technisch ausgereifter. Der Bratukhin B-11 hatte vor allem mit Vibrationsproblemen zu kämpfen, so daß der Mi-1 schließlich zum Sieger des Wettbewerbs gekürt wurde. Kurze Zeit nach dieser Entscheidung lief die Serienfertigung an. Anfänglich wurde der Mi-1 (Nato-Code: Hare) in der Sowjetunion produziert. 1955 wurde die gesamte Mi-1 Produktion nach Polen verlagert (dort bis 1965 als SM-1 gebaut), um Platz für die Fertigung anderer Typen zu schaffen. Polen und Russen stellten insgesamt fast 3000 Mi-1 in allen möglichen zivilen und militärischen Varianten her.

Vom Mil Mi-4 wurden mehrere tausend Stück in den unterschiedlichsten Ausführungen gebaut. Im Bild die Version Mi-4 P für bis zu 16 Passagiere, erkennbar an den großen, rechteckigen Fenstern. Eine Salonausführung Mi-4 S war ebenfalls im Programm.

Stalin erteilte Mil Ende 1951 den Auftrag, einen einrotorigen zwölfsitzigen Hubschrauber mit einem Triebwerk zu konstruieren. Und Yakovlev sah man als den besten Mann für die Schwergewichtsklasse an: Er sollte einen 24-sitzigen Transporthubschrauber mit zwei Rotoren und zwei Triebwerken entwickeln. Beiden Konstruktionsbüros wurde nur ein Jahr Zeit gegeben. Mil entwickelte den Mi-4, Yakovlev den Yak-24 (Nato-Code: Horse) mit Tandemrotor. Es handelte sich um den größten bisher gebauten Hubschrauber weltweit, entsprechend groß stellten sich auch die technischen Probleme in der Entwicklungsphase dar. Einige Prototypen gingen während der Tests zu Bruch. Immerhin konnte der Yak-24 40 Soldaten befördern und stellte schon bald zwei Weltrekorde im Lastenheben auf. Aber die technischen Probleme, vor allem mit Vibrationen, blieben über die gesamte militärische und zivile Serienproduktion erhalten, so daß bezweifelt wird, ob die offizielle Zahl von über 100 gebauten Exemplaren nicht etwas zu hoch angesetzt wurde.

Das Konstruktionsbüro um Nikolai I. Kamov verlegte sich von Anfang an mit seinem koaxialen Rotorsystem auf eine ganz andere Konstruktionsweise. Durch diese Rotoranordnung konnte der Rumpf sehr kurz und der Rotordurchmesser relativ klein gehalten werden. Kamov-Hubschrauber eigneten sich daher besonders für Einsätze von schmalen Plattformen aus, wie sie beispielsweise Schiffdecks darstellen. Es ist beileibe kein Zufall, daß es sich bei den Kamov-Konstruktionen in erster Linie um Marinehubschrauber handelt, den Ka-26 einmal ausgenommen. Zivilversionen wurden entsprechend abgewandelt.

Mit dem Ka-8 gelang Kamov die erste erfolgversprechende Konstruktion. Beim ersten Testlauf im November 1947 wollte der Prototyp aber partout nicht abheben. Erst als Testpilot Mikhail Gurov bei drehendem Rotor die mit Seilen gesicherte Maschine verließ, erhob sie sich. Sie hatte einfach zu wenig Leistung, um mit dem Piloten an Bord abzuheben. Leistungssteigerungen an der kleinen Maschine, die nur aus einem Motor, einem Sitz, zwei Schwimmern und dem Rotorsystem bestand, brachten nur geringe Verbesserungen. So erreichte der Ka-8 auf dem Höhepunkt seiner Entwicklung gerade mal eine Flughöhe von 200 Metern, so daß seine Fertigung zugunsten des Ka-10 (Nato-Code: Hat) eingestellt wurde. Dieser Hubschrauber war etwas größer als der Ka-8, bestand aber wie dieser ausschließlich aus zwei Schwimmern, einem Motor, einem Sitz und dem Rotorsystem. Der Pilot saß immer noch völlig im Freien, aber die Maschine erreichte immerhin schon eine Schwebeflughöhe von 300 und eine Dienstgipfelhöhe von 2500 Metern.

Die sowjetische Marine zeigte Interesse, nahm aber nach genaueren Untersuchungen Abstand von einer Beschaffung. Mit dem Ka-15 (Nato-Code: Hen) schaffte Kamov schließlich den Durchbruch. Der verkleidete Rumpf bot immerhin zwei Personen Platz. Ein kleiner 255 PS starker Ivchenko AI-14V Neunzylinder-Kolbenmotor trieb den kleinen Koaxialrotor an. Ab 1955 wurde dieser Hubschrauber in großer Stückzahl für die Marine und die staatliche Fluggesellschaft Aeroflot gebaut. Der Ka-18 (Nato-Code: Hog), der 1957 erstmals flog, war eine um 81 cm verlängerte Version des Ka-15 mit einem 280 PS leistenden Ivchenko-Triebwerk. Außer dem Piloten konnte die Maschine drei Passagiere bzw. eine Trage und einen Sanitäter transportieren. Der Ka-18 wurde hauptsächlich bei der Aeroflot eingesetzt. Der wesentlich größe-

Mit dem Ka-15 schaffte Kamov den großen Durchbruch; kein Wunder steht der Typ heute als Reliquie in Luftfahrtmuseen der GUS.

re zweiturbinige Ka-20 (Nato-Code: Harp) wurde im August 1961 als U-Boot-Jagdhubschrauber vorgestellt. Nach Entwicklung zur Serienreife erhielt er als erster Standard-U-Boot-Jagd-Hubschrauber der sowjetischen Marine die Bezeichnung Ka-25. Auf der Luftfahrtmesse von Tushino tauchte 1961 auch der Ka-22 (Nato-Code: Hoop) erstmals auf. Diesem Giganten verpaßte Kamov ausnahmsweise keinen Koaxialrotor, der seine sämtlichen weiteren Konstruktionen bis zum modernen Ka-62 kennzeichnen sollte. Als echter Verbundhubschrauber zeigte der Ka-22 zwei gegenläufige Rotoren auf seitlichen Tragflächen sowie je einen Zugpropeller an den Enden. Er sollte bis zu 80 Passagiere befördern können und galt zu seiner Zeit als der größte Hubschrauber der Welt. Der Ka-22 stellte Ende 1961 mit einer Geschwindigkeit von 356,3 km/h und dem Heben einer Nutzlast von 16458 kg auf 2588 m Höhe zwei neue Weltrekorde auf. Was aus dem Ka-22 nach dem einzigen öffentlichen Auftritt in Tushino geworden ist, blieb bisher im Dunkeln.

Ähnlich wie dem Ka-22 erging es auch dem Mil Mi-12 (Nato-Code: Homer). Er erhielt ebenfalls zwei gegenläufige Rotoren, die auf Tragflächenenden montiert wurden. Dies war auch die einzige Abkehr des Mil-Konstruktionsbüros von der sonst üblichen klassischen Haupt-und Heckrotoranordnung. Der Mi-12 sorgte 1971 auf dem Pariser Aerosalon als größter Hubschrauber der Welt für Aufsehen. Die Maße sprechen für sich: Der Durchmesser der Hauptrotoren be-

Der Mil Mi-12 (oder W-12) wartete als größter Hubschrauber der Welt mit gigantischen Ausmaßen auf, die manches Linienflugzeug in den Schatten stellen. Die Entfernung zwischen den äußeren Rotorblattspitzen übertrifft beispielsweise die Spannweite des Boeing 747 Jumbo um sieben Meter.

trägt je 35 Meter, und die Entfernung zwischen den beiden äußeren Rotorblattspitzen überragt mit 67 Meterngar die Spannweite einer Boeing 747 um sieben Meter. Mit 26.000 WPS Leistung und einem maximalen Abfluggewicht von 105.000 kg stellte der Mi-12 eine Reihe von Weltrekorden auf. So hievte er beispielsweise im Februar 1969 eine Nutzlast von 31.030 kg auf eine Höhe von 2951 Meter; ein halbes Jahr später gar eine Nutzlast von 40.204,5 kg auf eine Höhe von 2255 Meter.

Im Laufe der Erprobung gab es einige Teilzerstörungen aufgrund technischer Probleme, so daß der Mi-12 trotz aller Rekorde nie in Serie ging.

Kranhubschrauber

Aufgrund der geographischen Besonderheiten war die frühere Sowjetunion ganz besonders auf das Transportmittel Hubschrauber angewiesen. Zum Teil ließen sich nur mit Hilfe von Hubschraubern abgelegene Gebiete erschließen und Bauprojekte abseits jeglicher Zivilisation durchführen. Die Russen stellten schon früh Überlegungen an, Hubschrauber als fliegende Kräne einzusetzen. Spezielle Konstruktionsbüros entwickelten entsprechende Technologien. So wurde 1967 mit dem Ka-25 K erstmals ein Hubschrauber einer

Als Kranhubschrauber kann der Mil Mi-10 K bis zu elf Tonnen schwere Außenlasten transportieren. Man beachte die Außenkuppel unter dem Cockpit.

zweiten Pilotenkanzel unter dem Rumpf vorgestellt. Aus dieser Kanzel konnte der »Arbeits-Pilot« die Maschine mit direkter Sicht auf eine am Haken hängende Außenlast steuern. Die Erfahrungen mit dieser Form der Lastmontage führten mittels des zweiten Cockpits führten dazu, daß von jedem zivilen Mil- oder Kamov-Modell entsprechende Versionen hergestellt wurden.

Rückwärtige Kanzel eines Mil Mi-8, der Arbeitsplatz des zweiten Piloten bei Baumontagen.

Kamov Ka-25
NATO-Code: Hormone

Der Ka-25 stellte lange Zeit den Standard-Bordhubschrauber der sowjetischen Marine dar. Erst in letzter Zeit wurde er durch den Ka-27 ergänzt bzw. abgelöst. Der Ka-20, der als Prototyp des Ka-25 gilt, wurde am 9.Juli 1961 auf dem Flugtag in Tushino erstmals beobachtet. Mehrere Varianten wurden auf verschiedenen Schiffstypen der sowjetischen Marine stationiert. Die Hauptversionen stellten der Hormone-A zur U-Boot-Bekämpfung, der Hormone-B mit größerem Kinnradar für elektronische Stör- und Waffenleitaufgaben und der Hormone-C als Such- und Rettungshubschrauber dar. Alle Ausführungen verfügen über automatische Rotorfalteinrichtungen für die Unterbringung in Schiffshangars und Notschwimmer, die sich bei Wasserkontakt automatisch aufblasen. Der Hormone-A ist mit Torpedos und Wasserbomben bewaffnet.

In den siebziger Jahren wurden einige Maschinen mit 990 WPS Glushenkov GTD-3BM-Turbinen leistungsgesteigert. 1967 erschien der zivile Ka-25 K auf dem Pariser Aerosalon. Statt des Radars erhielt er eine gegen die Flugrichtung angeordnete Kabine, in der ein Pilot sitzen kann, um die Maschine bei Lasttransporten mit Sicht auf die Außenlast zu steuern. Diese zivile Version bot zwölf Passagieren Platz, ging aber nicht in Serie.

Kamov Ka-25

Antrieb: 2 Glushenkov GTD-3-Turbinen mit je 900 WPS (671 kW) Leistung
Rotordurchmesser: 15,75 m
Rumpflänge: 9,75 m
Leermasse: 4765 kg
max. Abflugmasse: 7500 kg
Geschwindigkeit: Max: 220 km/h, Reise: 193 km/h
Reichweite: 650 km mit Zusatztanks ohne Reserve
Platzangebot: 3 Besatzung

Der kompakte Ka-25 mit dem für Kamov typischen, koaxialen Hauptrotorsystem wurde hauptsächlich für die bordgestützte U-Boot-Ortung und -Bekämpfung geschaffen. Im Bild die von der NATO als Hormone-B bezeichnete Ausführung mit größerem Kinnradar für elektronische Stör- und Waffenleitaufgaben.

Kamov Ka-26/Ka-126/Ka-226
NATO-Code: Hoodlum-A/Hoodlum-B

Durch die Verwendung von Rolls Royce 250C-20B-Turbinen möchte Kamov den westlichen Markt erschließen. Trotz des geringen Preises sind westliche Betreiber jedoch schon immer sehr zurückhaltend beim Einsatz russischer Hubschrauber.

Der Ka-26 trat Mitte der sechziger Jahre erstmals in Erscheinung. Er gehört neben dem Mi-2 zu den am meisten verwendeten Zivilhubschraubern im ehemaligen Ostblock. Seine Beliebtheit verdankt er vor allem seiner Vielseitigkeit, genauer dem austauschbaren Container hinter dem Cockpit, der den Ka-26 zum echten Universalhubschrauber macht. Binnen einer Stunde können 2 Mann die Passagierkabine gegen eine Ambulanzkabine, eine Frachtplattform, einen Lasthaken oder eine chemische Sprüheinheit für landwirtschaftliche Einsätze austauschen. Für geophysikalische Vermessungen läßt sich eine Ringantenne montieren, die den gesamten Rumpf umschließt.

Als Nachfolger für den beliebten, aber ergrauten Ka-26 bereitet Kamov unter der Bezeichnung Ka-126 bzw. Ka-226 modernisierte Versionen mit einer 720 WPS leistenden GTE TVO-100-Turbine (Ka-126, seit 1988 in rumänischer Lizenzproduktion), bzw. mit zwei je 420 WPS leistenden Rolls Royce 250C-20B-Turbinen

Kamov Ka-26

Antrieb: 2 Vedeneyev M-14V-26-Kolbentriebwerke mit je 325 PS (239 kW) Leistung
Rotordurchmesser: 13,00 m
Rumpflänge: 7,75 m
Leermasse mit Passagierkabine: 2100 kg
max. Abflugmasse: 3250 kg
Geschwindigkeit: Max: 170 km/h, Reise: 150 km/h
Reichweite: 1200 km mit Zusatztanks ohne Reserve
Platzangebot: 1 Pilot und 7 Passagiere

(Ka-226) für die Serienfertigung vor. Die Avionik wird modernisiert und die Leistungen gegenüber dem mit 9 Zylinder-Sternmotoren ausgerüsteten Ka-26 erheblich verbessert. So soll der Ka-126 eine Höchstgeschwindigkeit von 185 km/h, der Ka-226 eine Höchstgeschwindigkeit von 205 km/h erreichen. Das Wechselbehälter-System bleibt bei beiden Maschinen erhalten.

Der Luftfilter für Sprüheinsätze.

Ka-26 beim landwirtschaftlichen Einsatz in Ungarn.

Kamov Ka-27/Ka-28/Ka-31
NATO-Code: Helix-A/Helix-D

Kamov Ka-27

Antrieb: 2 Isotov TV-3-117V-Turbinen mit je 2225 WPS (1659 kW) Leistung
Rotordurchmesser: 15,90 m
Rumpflänge: 11,30 m
Leermasse: 5450 kg
max. Abflugmasse: 12600 kg
Geschwindigkeit: Max: 250 km/h, Reise: 230 km/h
Reichweite: 1290 km mit Zusatztanks und Reserve
Platzangebot: 3 Besatzung

Der Ka-27 ist – von der Programmfolge her gesehen – das direkte Nachfolgemuster des Ka-25. Die Außenmaße übertreffen die des Ka-25 nur unwesentlich, so paßt auch der Ka-27 in die für den Ka-25 konstruierten Schiffshangars. Die Leistung wurde aber erheblich gesteigert. Zwei Hauptversionen des Ka-27 stehen derzeit im Dienst. Der in großer Zahl produzierte Ka-27 PL (Helix-A) stellt die ASW-Variante (Anti-Submarine-Warfare) dar. Die Einsatztaktik sieht die Zusammenarbeit von jeweils zwei Maschinen vor. Eine Maschine spürt das U-Boot auf, die andere ist für seine Bekämpfung mit Wasserbomben und Torpedos zuständig.

Der Ka-27 PS (Helix-D) mit zwei Zusatztanks am Rumpf dient dagegen als SAR- und Mehrzweckhubschrauber. Der Helix-D ist äußerlich praktisch identisch mit dem zivilen schiffsgestützten Ka-32 S. Er ist auf Flugzeugträgern während der Starts und Landungen von Einsatzflugzeugen als Rettungshubschrauber in der Luft. Die über der Kabinentür angebrachte Rettungswinde bewältigt 300 kg. Frühere Ka-27 waren mit Isotov TV-3-117-Triebwerken ausgestattet, später wurden die in der Höhenleistung verbesserten TV-3-117V verwendet. Die Rotorblätter und die Turbineneinläufe werden zum Schutz gegen Vereisung elektrisch beheizt. Die Exportversion nennt sich Ka-28 und die neueste Variante ist der schiffgestützte Ka-31, der eine einziehbare Frühwarn-Antenne unter dem Rumpf erhielt.

Der Ka-27 kann als Nachfolger des Ka-25 mehr als die doppelte Waffenlast transportieren. Die Blätter der beiden Hauptrotoren lassen sich zur Unterbringung in Bordhangars falten.

Kamov Ka-29
NATO-Code: Helix-B

Der Kamov Ka-29, erstmals 1987 der Öffentlichkeit präsentiert, ist eine Weiterentwicklung des Ka-27. Er verfügt über ein koaxiales Rotorsystem mit zwei übereinander angeordneten 3-Blatt-Hauptrotoren. Da die Blätter mit konventionellen Schlag- und Schwenkgelenken ausgestattet sind, liegen die Rotorebenen extrem weit auseinander. Aufgrund der komplizierten Steuerung mit zwei Taumelscheiben und gegenläufigen Steuerstangen ist das Rotorsystem außerdem extrem beschußanfällig. Der Ka-29 hat je zwei Waffenträger links und rechts des Rumpfes, die mit Behältern für ungelenkte S-5 und S-8 Raketen bestückt werden können. Antennen am Rumpf erlauben die Steuerung fremdabgefeuerter Waffensysteme. Konzipiert wurde der Ka-29 als bewaffneter Unterstützungshubschrauber zum Transport von Soldaten und Material bei Luftlandeoperationen. Er kann entweder 16 vollausgerüstete Marineinfanteristen oder 5000 kg an Außenlast befördern. Die Soldaten müssen den sehr niedrigen Innenraum über eine kleine Tür auf der rechten Seite besteigen. Eine Panzerung schützt Besatzung und Soldaten vor Bodenbeschuß. Am Heck ist eine Anlage zur Ablenkung infrarotgelenkter Raketen mit Hilfe von Täuschkörpern angebracht.

Der Kamov Ka-29 ist die Transport- und Angriffsversion des Ka-27. Er wird für Luftlandeoperationen eingesetzt und ist zum Schutz von Besatzung und Soldaten gepanzert. Man beachte die seitlichen Abschußvorrichtungen für ungelenkte Luft-Boden-Raketen.

Kamov Ka-29

Antrieb: 2 Isotov TV-3-117V-Turbinen mit je 2225 WPS (1659 kW) Leistung
Rotordurchmesser: 15,90 m
Rumpflänge: 11,60 m
Leermasse: 5560 kg
max. Abflugmasse: 12600 kg
Geschwindigkeit: Max: 250 km/h, Reise: 222 km/h
Reichweite: 800 km mit Reserve
Platzangebot: 2 Besatzung und 16 Soldaten

Kamov Ka-32
NATO-Code: Helix-C

Der Kamov Ka-32 ist das zivile Gegenstück zum Ka-27. Werkseitig werden drei Grundversionen geliefert, die im Export die unterschiedlichsten Typenbezeichnungen tragen: Der Ka 32 S (Schiffsgestützt), der Ka-32 T (Transport) und der Ka-32 K (Kran). Der Ka-32 S erhielt eine umfangreiche Avionikausrüstung, um in arktischen Gebieten von Eisbrechern und Forschungsschiffen aus eingesetzt werden zu können. Seine Aufgaben umfassen das Be- und Entladen von Schiffen abseits von Hafenanlagen, das Versorgen von Ölplattformen und SAR-Aufgaben. Ein Autopilot und eine automatische Schwebeeinrichtung halten die Arbeitsbelastung dabei auch für den Piloten sehr gering. Die Rotorblätter, der Triebwerkseinlass und die Windschutzscheiben sind beheizt. Der Ka-32 T verfügt nur über eine begrenzte Avionikausrüstung und ist für den Lastentransport mit 4000 kg Innen- und 5000 kg Außenlast ausgelegt. Eine Außenlaststabilisierung sorgt dafür, daß sich die Last nicht aufschwingt.

Die Version Ka-32 K wurde 1992 vorgestellt. An der Rumpfunterseite befindet sich eine Kabine mit Sitz für einen Piloten, der die Maschine mit Sicht auf die Außenlast steuern kann. Die Übertragung der Steuersignale erfolgt hier erstmals elektronisch. Für Außenlastflüge über größere Distanzen ist am Heck eine Videokamera angebracht, die das Verhalten der Außenlast ins Cockpit überträgt.

Kamov Ka-32 T

Antrieb: 2 Isotov TV-3-117V-Turbinen mit je 2225 WPS (1659 kW) Leistung
Rotordurchmesser: 15,90 m
Rumpflänge: 11,30 m
Leermasse: 6250 kg
max. Abflugmasse: 12600 kg
Geschwindigkeit: Max: 250 km/h, Reise: 230 km/h
Reichweite: 800 km mit Reserve
Platzangebot: 2 Piloten und 16 Passagiere

Der Kamov Ka-32 kann durch sein koaxiales Rotorsystem schwere Lasten in große Höhen heben. Auch die schweizerische Gesellschaft Heliswiss betreibt deshalb seit längerer Zeit einen Ka-32.

Heckeinstieg mit Winde.

Ein Ka-32 S mit ausladendem Kinn, das die spezielle Avionik für maritime Einsätze beherbergt.

Kamov Ka-50 / Ka-52
NATO-Code: Hokum

Der Werwolf fliegt nicht nur bei Vollmond..... Der Ka-50 wurde lange Zeit geheimgehalten, erst 1991 gaben die Russen Fotos ihres neuen Kampfhubschraubers frei. Die veränderte Wirtschaftslage in der GUS brachte es jedoch mit sich, daß er schon ein Jahr später auf Luftfahrtmessen präsentiert wurde.

Beim Ka-50 handelt es sich um die einsitzige, beim Ka-52 um die zweisitzige Version eines russischen Kampfhubschraubers, der 1995 vorgestellt wurde und seither mit dem Mi-28 in Konkurrenz um die seltenen Militäraufträge steht. Der Ka-50 soll am 27.7.1982 seinen Erstflug durchgeführt haben und ab 1992 zur Erprobung bei den russischen Streitkräften eingeführt worden sein.

Zur Verringerung der Arbeitsbelastung des Piloten, der auch die Waffensysteme bedienen muß, tragen ein sogenanntes Head-Up-Display und ein Bildschirm bei, die alle Systemdaten anzeigen. Der Ka-50/Ka-52 erhielt als Hauptwaffe eine 50 mm-Kanone mit 500 Schuß Munition. Zusätzlich kann er wahlweise mit 80 ungelenkten Raketen, 16 Panzerabwehrraketen, Lenkwaffen oder weiteren Maschinenwaffen aufgerüstet werden. Eine 350 kg schwere Panzerung widersteht selbst 20 mm-Beschuß aus kurzer Distanz. Als Schutz gegen infrarotgelenkten Raketen werden die Abgase gekühlt. Ein Fackelwerfer ermöglicht darüberhinaus die gezielte IR-Täuschung. Falls die Maschine am Heck getroffen werden sollte, kann sie trotzdem weiterfliegen. Bei Rumpftreffern kann sich der Pilot per Schleudersitz retten: Rotorblätter und Kabinendach werden abgesprengt und eine Rakete zieht den Piloten aus der Maschine.

Kamov Ka-50

Antrieb: 2 Klimov TV-3-117V-Turbinen mit je 2200 WPS (1640 kW) Leistung
Rotordurchmesser: 14,50 m
Rumpflänge: 15,00 m
Leermasse: 9800 kg mit Bewaffnung
max. Abflugmasse: 10800 kg
Geschwindigkeit: Max: 350 km/h, Reise: 280 km/h
Reichweite: 560 km mit Reserve
Platzangebot: 1 Pilot

Kamov Ka-60 / Ka-62 / Ka-64

Kamov Ka-62

Antrieb: 2 RD-600 W-Turbinen mit je 1300 WPS (969 kW) Leistung
Rotordurchmesser: 13,00 m
Rumpflänge: 12,80 m
Leermasse: 4000 kg
max. Abflugmasse: 6000 kg
Geschwindigkeit: Max: 300 km/h, Reise: 270 km/h
Reichweite: 600 km mit Reserve
Platzangebot: 2 Piloten und 16 Passagiere

Geplant ist der Einsatz im Offshore-Transport, in der Luftrettung und als Geschäftsreise- bzw. Transporthubschrauber. Optisch und technologisch ist der Ka-60/Ka-62 an westliche Modelle angelehnt, was sich vor allem in der Entscheidung gegen den typischen Kamov-Koaxialrotor zugunsten eines Haupt- und Heckrotors offenbart. Der ummantelte Heckrotor erinnert stark an den Fenestron-Heckrotor von Eurocopter. Der erste Auftrag für den militärischen Ka-60 wird von der russischen Armee seit langem erwartet. Die Entwicklung des zivilen Ka-62 und der mit Agusta Westland entwickelten Variante Ka-64 wird wegen der wirtschaftlich ungewissen Situation von Kamov wohl noch länger auf sich warten lassen.

Der Kamov Ka-60/Ka-62 ist eine komplette Neuentwicklung des Kamov-Designbüros. Der Erstflug sollte 1996 stattfinden, verzögerte sich wegen finanzieller Probleme jedoch bis zum Dezember 1998. Der Bedarf an einem neuen 14 bis 16 sitzigen Transporthubschrauber ist durchaus vorhanden, da die noch immer im Einsatz stehenden Mi-4 total veraltet sind. Der Ka-62 bekam eine fast 7,5 Kubikmeter große Frachtkabine, die über zwei große Türen von beiden Seiten aus zugänglich ist. Eine Umrüstung von einer Fracht- in eine Passagiermaschine ist innerhalb kurzer Zeit möglich. Der Rumpf besteht zu 65 % aus Verbundwerkstoffen.

Die Konstruktion des Ka-62 als Ersatz für alte russische Maschinen ist längst überfällig. Mit dem mit Agusta Westland entwickelten Ka-64 soll auch der westliche Markt erschlossen werden.

Kamov Ka-115

Kamov bemüht sich mit dem Ka-115 um den Bau eines nach eigenen Angaben 'leichten Mehrzweckhubschrauber für ein breites Einsatzspektrum, insbesondere Passagier- und Frachtflüge, SAR, Überwachungs- und Rettungsflüge sowie Chartereinsätze aller Art'. Da der Markt nicht im militärischen Bereich liegt, wurden bisher nur Mock-ups ausgestellt und die Entwicklung wird aufgrund mangelnder finanzieller Mittel stark verzögert. Das offensichtlichste Merkmal ist die Verwendung des aufwendigen Koaxial-Rotorsystemes bei dem relativ kleinen Hubschrauber sowie der dadurch mögliche Verzicht auf einen Heckrotor. Kamov plant, den Ka-115 serienmäßig mit Rotorblattenteisung und Klimaanlage auszuliefern. Ob diese schweren Ausstattungen durch den fehlenden Heckrotor und den damit verbundenen Gewichts- und Leistungsgewinn ausgeglichen werden oder ob die Nutzlast entsprechend reduziert ist, bleibt fraglich. Die kanadische Pratt & Whitney hat zusammen mit dem russischen Triebwerkshersteller Klimov sein P&WC PK 206K/2-Triebwerk (K für Lizenz-Bau Klimov) auf die Eigenheiten des russischen Treibstoffes angepasst. Klimov baut das westliche Triebwerk für den Ka-115 und eventuelle weitere Projekte in Lizenz. Es ist geplant, den Ka-115 wahlweise mit einer oder zwei Turbinen anzubieten.

Kamov Ka-115

Antrieb: 1 Pratt & Whitney/Klimov PK 206K/2-Turbine mit 550 WPS (410 kW) Leistung
Rotordurchmesser: 9,50 m
Rumpflänge: 9,20 m
Leermasse: 1270 kg
max. Abflugmasse: 1970 kg
Geschwindigkeit: Max: 235 km/h, Reise: 250 km/h
Reichweite: 780 km ohne Reserve
Platzangebot: 1 Pilot und 6 Passagiere

Im Gegensatz zu früheren Entwürfen wird beim Kamov Ka-115 Wert auf wirtschaftlichen Treibstoffverbrauch gelegt. Deshalb wird ein Lizenzbau einer Pratt & Whitney-Turbine eingesetzt.

Kazan Aktai

Der viersitzige Aktai wurde von Kazan Helicopters als direkte Konkurrenz zum Mi-34 entwickelt. Konzipiert wurde er als leichter Allzweckhubschrauber, der durch seine einfache Konstruktion günstig in der Herstellung und im Betrieb ist. Kazan sieht ein großes Verkaufspotential auf dem heimischen Markt als Nachfolger für die in die Jahre gekommenen Kamov Ka-26 und Mi-2-Hubschrauber. Auch hofft Kazan, die durch den Export von über 3500 Hubschraubern der Typen Mi-8 und Mi-17 gewonnenen internationalen Kontakte einsetzen zu können, um den Aktai in einige russlandnahe Staaten zu exportieren. Kazan ist einer der größten Hubschrauberhersteller der Welt und hat in 35 Jahren über 10.000 Hubschrauber der Muster Mi-4, Mi-8, Mi-14 und Mi-17 gebaut. Nachdem die staatlich verordnete Trennung von Designbüro und Hersteller aufgehoben wurde und damit Mil und Kamov ihr Monopol verloren, gründete Kazan im Jahr 1993 ein eigenes Designbüro und setzt seither seine Produktionserfahrung selbst um. Neben den Neukonstruktionen Aktai und Ansat entwickelte Kazan unter anderem auch den Mi-17 in verschiedenen Versionen weiter und vertreibt diese mit internationalen Partnern in eigener Regie.

Kazan Aktai

Antrieb: 1 Vedeneyev VAZ-4265-Wankeltriebwerk mit 270 PS (201 kW) Leistung
Rotordurchmesser: 10,00 m
Rumpflänge: 8,35 m
Leermasse: 850 kg
max. Abflugmasse: 1150 kg
Geschwindigkeit: Max: 190 km/h, Reise: 155 km/h
Reichweite: 400 km mit Reserve
Platzangebot: 1 Pilot und 2 Passagiere

Der kleine viersitzige Aktai ist ähnlich ausgelegt wie der Mi-34, hat jedoch eine deutlich geringere Nutzlast. Die gesamte Konstruktion ist auf niedrige Produktions- und Betriebskosten ausgelegt.

Kazan Ansat

Kazan Ansat

Antrieb: 2 Pratt & Whitney/Klimov PW 207K-Turbinen mit je 630 WPS (470 kW) Leistung
Rotordurchmesser: 11,50 m
Rumpflänge: 11,18 m
Leermasse: 2000 kg
max. Abflugmasse: 3300 kg
Geschwindigkeit: Max: 280 km/h, Reise: 250 km/h
Reichweite: 490 km ohne Reserve
Platzangebot: 1 Pilot und 9 Passagiere

Der tartarische Hubschrauberhersteller Kazan Helicopters hat sich bei seinem ersten selbstentwickelten Muster Ansat (tartarisch 'einfach') von Anfang an auch am westlichen Markt orientiert. So wurden die von Klimov in Lizenz gebauten Triebwerke im Original von Pratt & Whitney entwickelt und an den russischen Markt angepasst, die Kabine besteht zu 20 Gewichtsprozent aus Verbundwerkstoffen und es wird ein wartungsarmer, gelenkloser Vierblattrotor sowie eine Fly-by-wire-Steuerung verwendet. Darüberhinaus werden für die Zulassung die Regeln der amerikanischen Zulassungsbestimmungen FAR 29 zugrunde gelegt, so daß jede internationale Zulassung problemlos zu erhalten ist. Auf dem Aerosalon 1995 in Le Bourget stellte Kazan zum ersten Mal das Mockup seines 10-sitzigen Transporthubschraubers in der Dreitonnenklasse vor. Der für 1997 geplante Erstflug fand schließlich am 17.August 1999 statt und dauerte 12 Minuten. Bereits bei diesem Jungfernflug wurden Geschwindigkeiten von 250 km/h erflogen. Neben militärischen Aufträgen hofft Kazan Helicopters auf zivile westliche Käufer, wobei ein außergewöhnlich niedriger Preis sicherlich das beste Marketingargument ist. Die Produktion wurde 2004 aufgenommen und fünf Maschinen an die Forstbehörde von Südkorea geliefert. Eine erheblich vergrößerte, 14-sitzige Version mit 5-Blatt-Rotor unter der Bezeichnung Ansat-3 und eine Version als Kampfhubschrauber namens Ansat-2RC sind in der Entwicklung.

Als Produzent des Mi-8/Mi-17 ist Kazan Helicopters Hauptlieferant von Hubschraubern für die GUS-Streitkräfte. Aufgrund dieser Erfahrung hoffen die Tartaren vor allem auch auf militärische Aufträge.

Mil Mi-8
NATO-Code: Hip

Vom Mi-8 wurden über 10000 zivile und militärische Exemplare gebaut. Personen- und Frachttransporte gehören zu den Hauptaufgaben des zivilen Mi-8.

Der Mi-8 wurde als turbinengetriebenes Ergänzungsmuster zum Mi-4 entwickelt. Der erste Prototyp (Hip-A), der 1960 seinen Erstflug gehabt haben soll, war noch mit einer 2700 WPS leistenden Soloviev-Turbine und dem Vierblatt-Rotor des Mi-4 ausgerüstet. Auch die ersten Serien-Mi-8 (Hip-B) kamen noch mit dem Vierblatt-Rotor des Mi-4, wurden aber schon von zwei je 1500 WPS leistenden Isotov-Turbinen angetrieben. Weitere militärische Versionen sind der Hip-C, der als bewaffneter Truppentransporter mit vier Waffenstationen bis zu 30 Soldaten aufnehmen kann; Hip-D, Hip-G, Hip-J und Hip K (zivile Ausführung: Mi-9) für Führungsaufgaben und zur elektronischen Kriegsführung, sowie Hip-E (Exportversion: Hip-F). Letzterer galt lange Zeit als der am schwersten bewaffnete Hubschrauber der Welt. Neben einem 12,7 mm Bug-Maschinengewehr kann er an sechs Waffenstationen bis zu 192 ungelenkte Raketen und Panzerabwehrraketen mitführen.

Zivile Versionen sind der Mi-8 mit Sitzbänken für bis zu 32 Passagiere, der Mi-8 T als Fracht- und der Mi-8 Salon als VIP-Transporter für elf Personen. Vom Mi-8 wurden über 10.000 Exemplare gebaut, die auch in großer Stückzahl in die damaligen Staaten des Warschauer Paktes geliefert wurden.

Mil Mi-8

Antrieb: 2 Isotov TV2-117A-Turbinen mit je 1700 WPS (1268 kW) Leistung
Rotordurchmesser: 21,29 m
Rumpflänge: 18,31 m
Leermasse: 6716 kg
max. Abflugmasse: 12000 kg
Geschwindigkeit: Max: 260 km/h, Reise: 180 km/h
Reichweite: 465 km mit Reserve
Platzangebot: 3 Besatzung und 32 Passagiere

Ein Mi-8 der Firma »Berliner Spezial Flug« beim Mastensetzen an der Eisenbahntrasse Erfurt-Sangerhausen (Oberröblingen) im Januar 1991. Diese rationelle Verfahrensweise fand besonders beim Streckenbau in Mitteldeutschland Anwendung.

Mil Mi-14
NATO-Code: Haze

Die Mi-14 sollte die kleinen, kolbengetriebenen und nicht schwimmfähigen Mi-4 der sowjetischen Marine ersetzen. Entsprechend wurde er als landgestützter Marinehubschrauber konzipiert. Mil kombinierte die dynamischen Komponenten des Mi-17 einem waserdichten, gekielten und voll schwimmfähigen Rumpf. Stützschwimmer am Heck nehmen gleichzeitig das einziehbare Fahrwerk auf. Da sich unter dem Rumpf aber das empfindliche Radar befindet, sind Wasserungen nur in Notfällen vorgesehen. In den Waffenschächten, die über die ganze Länge des Rumpfbodens angeordnet sind, können Wasserbomben, Torpedos und Minen mitgeführt werden. Ein Autopilot und eine automatische Schwebeeinrichtung vereinfachen das Hovern beim Sonareinsatz. Die Turbinen sind verstärkte Versionen des Mi-8-Triebwerks, das dem des Mi-17 ähnlich ist. Die Frontscheiben, die Rotorblätter und der Triebwerkseinlaß lassen sich beheizen. 1973 führte die sowjetische Marine den Mi-14 ein. Bekannte Versionen sind der Haze-A für die U-Boot-Bekämpfung, der Haze-B für Minenräumaufgaben und der Haze-C für SAR-Einsätze.

Mil Mi-14

Antrieb: 2 Isotov TV3-117-Turbinen mit je 2200 WPS (1640 kW) Leistung
Rotordurchmesser: 21,29 m
Rumpflänge: 18,42 m
Leermasse: 8600 kg
max. Abflugmasse: 14000 kg
Geschwindigkeit: Max: 230 km/h, Reise: 200 km/h
Reichweite: 800 km mit Reserve
Platzangebot: 5 Besatzung

Schiff ahoi: Ein Mi-14 der polnischen Seenotrettung wassert in der Ostsee.

Mil Mi-17
NATO-Code: Hip-H

Der Mi-17 ist die leistungsgesteigerte Version des Mi-8. Die ersten Mi-17 trugen deshalb auch noch die Bezeichnung Mi-8 MTW-1. Die Hauptänderungen gegenüber dem Mi-8 sind der Einbau der Isotov TV3-117MT-Turbinen statt der je 200 WPS schwächeren TV2-117A, und die Verlegung des Heckrotors von rechts nach links. Das Ergebnis ist eine erhebliche Steigerung der Leistungen in großen Höhen und bei hohen Außentemperaturen. Aufgrund der erhöhten Leistung liegt die Hauptaufgabe des Mi-17 im Frachttransport mit bis zu 4000 kg Innen- oder 3000 kg Außenlast. Ein zweites Cockpit an der Kranversion Mi-17 K ermöglicht die Steuerung des Hubschraubers mit Blick auf die Außenlast. Der Mi-17 als Ambulanzhubschrauber nimmt entweder zwölf Tragen mit dazugehöriger medizinischer Ausrüstung oder einen kompletten Operationssaal auf. Zusatztanks erhöhen die Reichweite bei Bedarf auf 950 km. Der von Kazan Helicopters produzierte Mi-17 trägt die Bezeichnung Mi-172. Das früher reine Produktionswerk hat den Mi-17 in den Versionen Mi 17 V-5 und V-7 leistungsgesteigert und im Frontbereich optisch leicht verändert. Kazan vermarktet diese Versionen recht erfolgreich im Export.

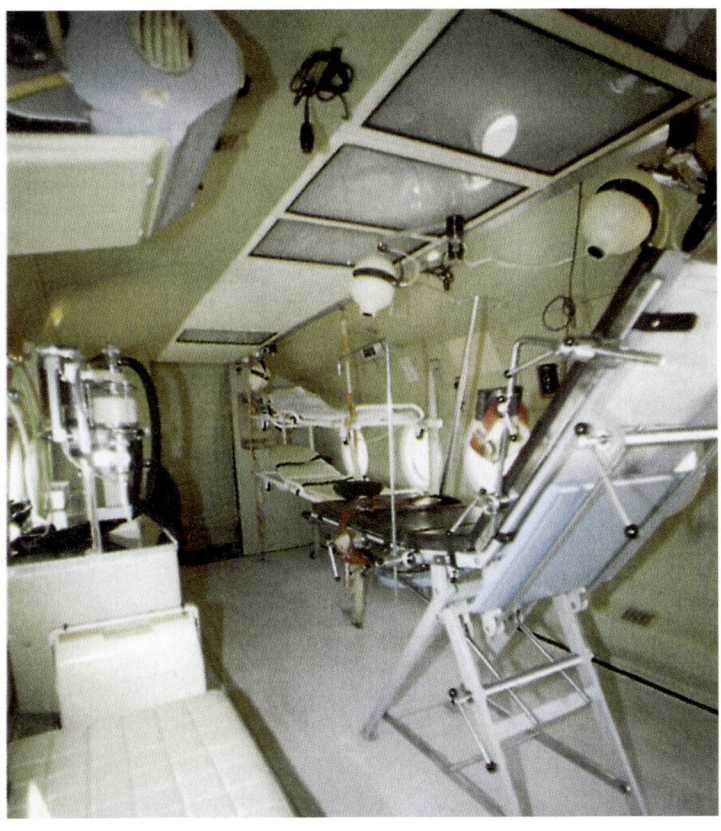

Der fliegende Operationssaal: In der Ambulanz-Ausführung des Mi-17 finden ein kompletter OP oder zwölf Bahren Platz.

Mil Mi-17 V-7

Antrieb: 2 Klimov VK-2500-Turbinen mit je 2200 WPS (1641 kW) Leistung
Rotordurchmesser: 21,29 m
Rumpflänge: 19,00 m
Leermasse: 7468 kg
max. Abflugmasse: 13500 kg
Geschwindigkeit: Max: 250 km/h, Reise: 230 km/h
Reichweite: 715 km mit Reserve
Platzangebot: 3 Besatzung und 36 Passagiere

Mi-17 im Vorbeiflug.

Mil Mi-24

NATO-Code: Hind

Mil Mi-24 (Hind-F)

Antrieb: 2 Isotov TV3-117-Turbinen mit je 2200 WPS (1640 kW) Leistung
Rotordurchmesser: 17,00 m
Rumpflänge: 16,79 m
Leermasse: 8400 kg
max. Abflugmasse: 11500 kg
Geschwindigkeit: Max: 320 km/h, Reise: 295 km/h
Reichweite: 450 km mit Reserve
Platzangebot: 2 Besatzung und 8 Soldaten

Wahrscheinlich startete der Prototyp des Mi-24 bereits 1972 zum Erstflug. Die Konzeption sah einen kombinierten Kampf- und Transporthubschrauber vor, der bis zu acht vollausgerüstete Soldaten oder vier Tragbahren mitführen konnte. Die ersten Versionen Mi-24 Hind A, Hind-B und Hind C zeigten ein eckiges Cockpit für vier Personen, wobei Pilot, Copilot, Navigator und ein Schütze jeweils paarweise nebeneinander saßen. Im Laufe der Entwicklung wurde der Heckrotor von links nach rechts verlegt und Änderungen in der Struktur und der Bewaffnung vorgenommen. Die äußerlich auffälligste Änderung wurde 1976 mit dem Hind-D eingeleitet und in den neueren Versionen Hind-E und Hind-F (Mi 24-P, ab 1985) wei-

Ein »nackter« Mi-24-Veteran ohne Bewaffnung. Erst ab der Ausführung Hind-D entfiel das eckige Vier-Mann-Cockpit, das bei der A-Version – wie hier zu sehen – durchgehend war. In die modernen Versionen flossen vor allem die Erfahrungen aus Afghanistan ein.

Eine Rotte tschechischer Mi-35 bei einer Flugvorführung. Man beachte die runden, stufenförmigen Zwei-Mann-Cockpits.

Die Zähne des Hind: Panzerabwehr-Lenkwaffen (links) und Abschußvorrichtungen für ungelenkte Luft-Boden-Raketen.

tergeführt. Die Besatzung besteht nur noch aus zwei Mann: dem vorne sitzenden Waffenoffizier und dem erhöht hinter ihm sitzenden Piloten. Als Verglasung kamen kleinere und besser gepanzerte Kugelfenster zum Einbau. Die in großer Zahl ausgelieferten Exportversionen tragen die Bezeichnungen Mi-25 und Mi-35.

Eine weibliche Besatzung stellte 1975 mit einem abgewandelten Mi-24, als A-10 bezeichnet, sechs Weltrekorde auf, unter anderem den Geschwindigkeitsweltrekord über 15/25 km mit 341,350 km/h auf. Dieser Rekord wurde 1978 von einem A-10 mit 368,400 km/h nochmals überboten.

Mil Mi-26
NATO-Code: Halo

Der Mi-26 ist der größte in Serie gefertigte Hubschrauber der Welt. Er wurde 1981 in Paris erstmals vorgestellt. Seit 1983 versieht der Schwerlasttransporter Dienst im ehemaligen Sowjetreich und in Indien. Das klassische Bauschema der Mil-Hubschrauber kommt u.a. in den über dem Kabinendach liegenden Triebwerken, dem stark verjüngten Heck mit Sporn und der Höhenflosse als Stabilisator zum Ausdruck.

Mil Mi-26

Antrieb: 2 Lotarev D-136-Turbinen mit je 11400 WPS (8501 kW) Leistung
Rotordurchmesser: 32,00 m
Rumpflänge: 33,73 m
Leermasse: 28200 kg
max. Abflugmasse: 56 000 kg
Geschwindigkeit: Max: 295 km/h, Reise: 255 km/h
Reichweite: 800 km mit Reserve
Platzangebot: 5 Besatzung und 85 Passagiere

Mil konzipierte den Mi-26 als reinen Lastenhubschrauber. Es handelt sich, nebenbei bemerkt, auch um den einzigen in Serie gefertigten Hubschrauber mit Achtblatt-Hauptrotor. Beim Mi-26 verarbeiteten die Russen sämtliche Erfahrungen mit früheren Schwerlasthubschraubern. So wurde der Mil-26 mit Autopilot, automatischer Schwebeflugstabilisierung, beheizten Rotorblättern, Turbineneinlässen und Cockpitscheiben ausgerüstet. Seine Instrumentierung erlaubt den Einsatz bei Tag und Nacht sowie in allen Klimazonen. Die acht Tanks fassen 12.000 Liter Treibstoff. Allein der Heckrotor hat einen Durchmesser von 7,61 m. Der Rotorkopf wiegt ca. 3000 kg und das Hauptrotorgetriebe ca. 3500 kg. Die normale Frachtkapazität des Mi-26 beträgt 20 Tonnen. Zwei an der Decke montierte Winden mit je 2500 kg Tragkraft und eine 500 kg-Zugwinde mit Umlenkrollen erlauben das selbsttätige Beladen. Falls es sich um einen LKW handeln sollte, kann dieser in den 12 m x 3,25 m x 3,17 m großen Frachtraum gefahren werden. Der Lademeister erhält über eine Bodenluke direkte Sicht auf Außenlasten. Zusätzlich übertragen drei Videokameras Bilder der Außenlast in das klimatisierte und druckbelüftete Cockpit, in dem neben den fünf Crewmitgliedern noch vier Passagiere Platz finden (siehe auch Starker Einsatz im Kaukasus, Seite 34). Als Versionen sind der Frachter Mi-26 T, der Personentransporter Mi-26 P, der Ambulanzhubschrauber Mi-26 MS, der Tanker Mi-26 TZ und der Mi-26 A mit verbessertem Navigationssystem bekannt.

Der Bauch des Giganten verschluckt ganze LKWs. Der Mi-26 wurde dafür geschaffen, schwerste Lasten über große Entfernungen zu transportieren.

Mil Mi-28

NATO-Code: Havoc

Im Unterschied zum Mi-24, der als »fliegender Schützenpanzer« zusätzlich acht vollgerüstete Soldaten aufnehmen kann, ist der Mi-28 ein reiner Kampfhubschrauber (Havoc = Verwüstung, Verheerung). Etwas größer und schwerer als sein westliches Gegenstück, der AH-64 Apache, sind die Flugleistungen jedoch sehr ähnlich. Die Aufgaben des Mi-28 benennt das Taktik-Handbuch der GUS-Streitkräfte wie folgt: Bekämpfung gepanzerter Ziele, Zerstörung von Artilleriestellungen, Unterdrückung der Luftverteidigung im taktischen Rahmen sowie Unterbrechung der Kommando- und Logistiksysteme. Da diese Aufträge vor allem über Feindgebiet ausgeführt werden müssen, wurde dem Selbstschutz große Bedeutung zugemessen. So wurden die Scheiben und das Cockpit stark gepanzert und das Fahrwerk darauf ausgelegt, die Crew auch bei harten Landungen mit Sinkgeschwindigkeiten bis zu 15 m/s vor Verletzungen zu bewahren. Die Tanks sind selbstdichtend und mit einem System zur Explosionsunterdrückung ausgestattet. Alle wichtigen Systeme sind doppelt vorhanden. Die Instrumentierung und Bewaffnung erlaubt auch Nachteinsätze in Bodennähe.

Obwohl der Erstflug schon am 10. November 1982 erfolgte, fand die Indienststellung erst ab 1993 statt. Seit März 2004 fliegt eine neue Version, der Mi-28 N Night Hunter mit verbessertem Rotorsystem und Millimeterradar auf dem Rotorkopf. Im Jahr 2003 sollen 50 Mi-28 N

Mil Mi-28 N

Antrieb: 2 Klimov VK-2500-Turbinen mit je 2400 WPS (1790 kW) Leistung
Rotordurchmesser: 17,20 m
Rumpflänge: 17,01 m
Leermasse: 8590 kg
max. Abflugmasse: 12100 kg
Geschwindigkeit: Max: 305 km/h, Reise: 265 km/h
Reichweite: 470 km ohne Reserve
Platzangebot: 2 Besatzung

Der Mi-28 ist als reiner Kampfhubschrauber ausgelegt und entsprechend stark gepanzert. Aufgrund fehlender finanzieller Mittel wurden bisher nur wenige Maschinen ausgeliefert.

für die russischen Streitkräfte bestellt worden sein, die bis 2010 zur Verfügung stehen sollen und im Jahr 2005 wurde die Bestellung 250 weiterer Maschinen bekannt gegeben.

Blick ins Panzercockpit des Mi-28. Die Anordnung der Sitze wurde vom Mi-24 übernommen. Für die Lenkung in Notsituationen ist der vorne sitzende Waffenschütze allerdings nicht mehr verantwortlich: Er soll sich voll auf den Einsatz der schwenkbaren 30 mm-Kanone sowie der gelenkten und ungelenkten Raketen konzentrieren können.

Mil Mi-34
NATO-Code: Hermit

Der Mi-34 soll den Mi-1 und den Mi-2 ersetzen. Die FAA-Zulassung wird angestrebt, um Verkaufschancen auf dem westlichen Markt zu bekommen.

Der 1987 vorgestellte Mi-34 war geplant als Nachfolger der Muster Mi-1 und Mi-2. Angetrieben wird er vom Kolbenmotor des Kamov Ka-26. Konzipiert wurde der Mi-34 als leichter Trainings- und Kunstflughubschrauber. Außer in der Pilotenschulung (als Mi-34 UT mit Doppelsteuer) und als Sporthubschrauber (Mi-34 S) soll er auch für Überwachungs- und Transportaufgaben sowie für Passagiertransporte eingesetzt werden. Das Cockpit ist klassisch instrumentiert. Der Mi-34 ist für Belastungen bis zu 3 g zugelassen und kann Rollen und Loopings vollführen. Der erste Prototyp wurde 1986 fertiggestellt, die Zulassung wurde 1988 erteilt. Die erste Auslieferung an die russische Verkehrspolizei GAI, die 50 Mi-34 P erhalten sollte, fand Anfang 1995 statt. In der Entwicklung steht auch der von zwei VAZ-4265 Wankelmotoren angetriebene Mi-34 VAZ. Mil arbeitet auch an einer Variante Mi-34 A mit einer Rolls RoyceTurbine. Die Serienfertigung sollte eigentlich die polnische WSK-PZL übernehmen; aufgrund der wirtschaftlichen Lage ging sie allerdings an russische Firmen. Wegen unklaren Produktionsrechten in den Umorganisationen der russischen Luftfahrtindustrie der vergangenen Jahre konnten insgesamt nur 22 Mi-34 ausgeliefert werden, davon 5 Stück nach Nigeria.

Mil Mi-34 S

Antrieb: 1 Vedeneyev M-14V-26V-Kolbentriebwerk mit 370 PS (275 kW) Leistung
Rotordurchmesser: 10,00 m
Rumpflänge: 8,71 m
Leermasse: 789 kg
max. Abflugmasse: 1450 kg
Geschwindigkeit: Max: 210 km/h, Reise: 180 km/h
Reichweite: 360 km mit Reserve
Platzangebot: 1 Pilot und 3 Passagiere

Mil Mi-38

Ein nicht flugfähiges Modell des Mi-38 wurde 1992 vorgestellt. Er könnte in der GUS den Mi-8 und Mi-17 ablösen und durch die Kooperation mit Eurocopter auch auf dem Nordsee-Offshoremarkt Chancen haben.

Die Idee für den Mi-38, der die Nachfolge des Mi-8 / Mi-17 antreten soll, wurde schon in den achtziger Jahren geboren. Die ersten Entwurfsarbeiten am Mi-38 wurden vom Mil-Designbüro bereits 1983 begonnen und ein erstes Modell des Mi-38 wurde schon 1989 auf der Air Show in Paris-Le Bourget gezeigt. 1992 wurde die Zusammenarbeit mit Eurocopter in der Entwicklung und Vermarktung verkündet, die 1994 in der Gründung des Joint Ventures Euromil manifestiert wurde, in welchem auch Kazan Helicopters als Produktionsbetrieb beteiligt ist. Mehrfache Umstrukturierungen der russischen Luftfahrtbetriebe und Probleme bei der Finanzierung verzögerten das Programm immer weiter, so dass der Erstflug erst am 22.Dezember 2003 stattfinden konnte. Für den russischen Markt werden zwei Klimov TVA-3000-Turbinen, eine Weiterentwicklung der TV7-117 mit je 2465 WPS geliefert, die internationale Version soll von zwei in Lizenz gefertigten Pratt & Whitney-Turbinen angetrieben werden. Die Zulassung soll nach den neuesten westlichen Zulassungsvorschriften FAR/JAR Part 29 erfolgen, um einen internationalen Absatz zu sichern. Nachdem Eurocopter sein Engagement aufgrund von Beteiligungsbeschränkungen ausländischer Firmen an russischen Luftfahrtbetrieben reduziert hat, wird die Zulassung und Vorbereitung der Serienfertigung sicherlich noch einige Jahre auf sich warten lassen.

Mil Mi-38

Antrieb: 2 Pratt & Whitney PW-127 T/S-Turbinen mit je 2500 WPS (1864 kW) Leistung
Rotordurchmesser: 21,10 m
Rumpflänge: 19,95 m
Leermasse: 8300 kg
max. Abflugmasse: 15600 kg
Geschwindigkeit: Max: 290 km/h, Reise: 275 km/h
Reichweite: 885 km ohne Reserve
Platzangebot: 2 Besatzung und 30 Passagiere

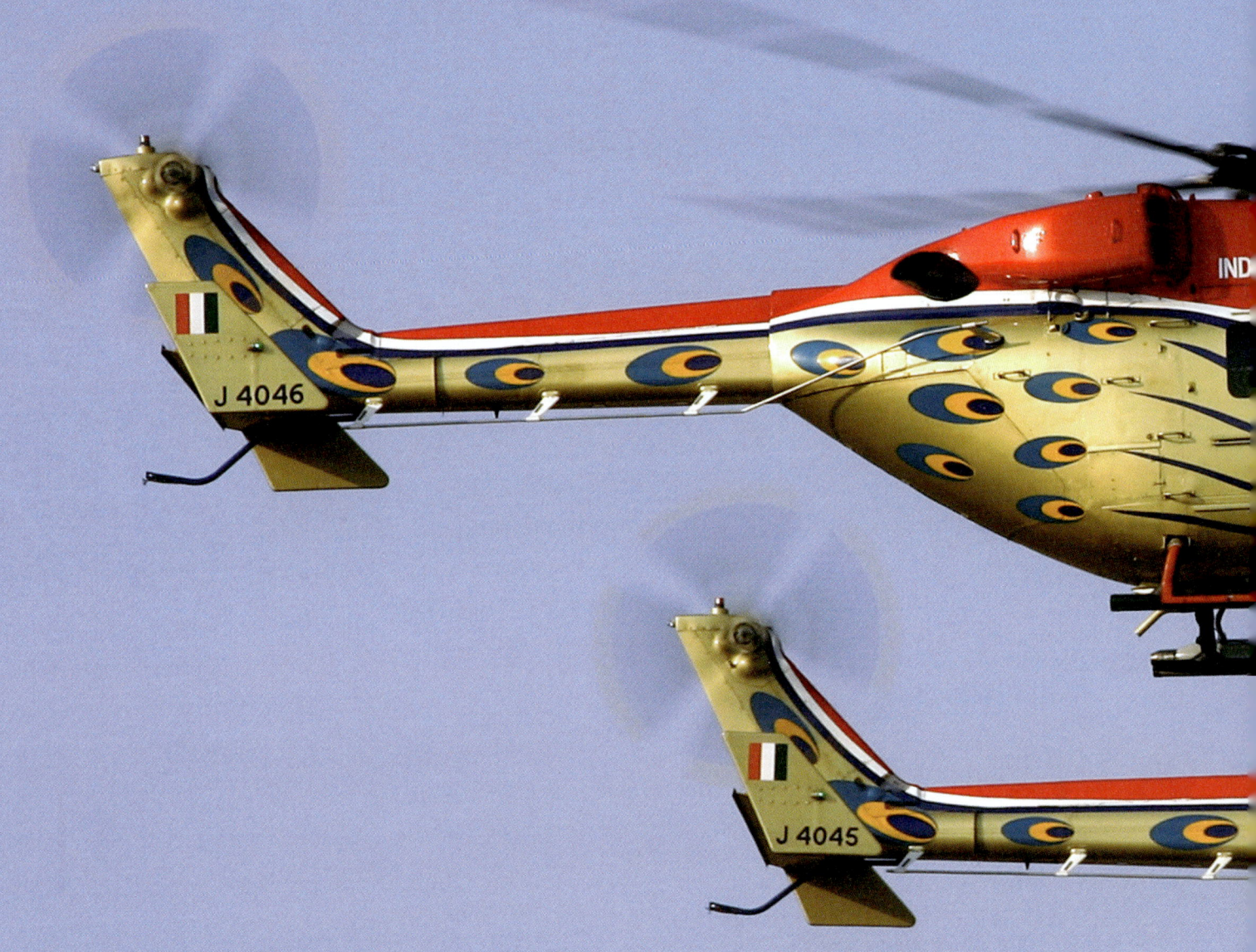

INDIEN

Zwei der drei Dhruv des Kunstflugteams Sarang.

Indien

Die in Bangalore ansässige Hindustan Aeronautics Limited (HAL) begann 1962 mit der Hubschrauberproduktion. Die jahrzehntelange Tradition in der Zusammenarbeit mit Eurocopter entstand durch den Lizenzbau von mehr als 600 Hubschraubern des Typs SA 315 Lama als Cheetah und SA 316 als Chetak. Für den Cheetah baute HAL auch die Turbomeca Artouste-IIIB-Turbine in Lizenz. Der Lancer wurde von HAL selbst entwickelt und ist ein aus dem Cheetah entwickelter Hubschrauber für den Begleitschutz, der auf beiden Seiten mit je einem 12,7 mm Maschinengewehr und drei 70 mm Raketen ausgestattet ist. Aufgrund der besonderen klimatischen Anforderungen seiner Kunden möchte HAL die beiden Muster mit der hochmodernen TM 333-2M2 Turbine von Turbomeca mit 1105 WPS (825 kW) Leistung ausstatten, das fast baugleich auch im Dhruv verwendet wird. Das Triebwerk bietet exzellente Leistungen bei geringem Verbrauch und langen Wartungsintervallen. In der stärkeren Version wird der Cheetah dann unter dem Namen Cheetal und der Chetak als Chetan angeboten. Im Jahr 2005 begann die Entwicklung eines Kampfhubschraubers mit ca. 5500 kg Abfluggewicht für die indische Luftwaffe und für das Heer unter der Bezeichnung LCH (Light Combat Helicopter).

Unter dem Namen Chetan bietet HAL eine leitungsgesteigerte Variante des Lizenzbaus des Alouette III an.

Der Dhruv wird auch in einer zivilen Version angeboten, wobei er bisher nur an das indische Militär geliefert wurde.

Vor allem in den Gebirgsregionen des Himalaya setzt das indische Militär die stärkere Version des Cheetah unter der Bezeichnung Cheetal ein.

Mit dem Lancer lieferte HAL dem indischen Heer eine bewaffnete Begleitschutzversion des Cheetah.

HAL Dhruv

Beim Dhruv (=beständig), dem früheren ALH (Advanced Light Helicopter) handelt es sich um eine gemeinsame Entwicklung der früheren MBB (jetzt Eurocopter) und der indischen Firma Hindustan Aeronautics Limited (HAL). 1984 unterzeichneten Vertreter von MBB sowie die indische Regierung einen Vertrag, der die Arbeitsteilung regelte. HAL zeichnete für das Design des Hubschraubers und der Systeme sowie für die Herstellung und Montage der Prototypen sowie für System- und Flugtests verantwortlich. MBB steuerte die Entwicklungserfahrung bei, stellte die Rotorblätter für den Prototypen her, testete den Hauptrotor und entwickelte das neue, wartungsfreie Vibrationsdämpfungssystem ARIS (Anti-Resonance Vibration Isolation System). Die Besonderheiten des ALH sind die weitreichende Verwendung von Faserverbundwerkstoffen in Haupt- und Heckrotor sowie in der Zelle, das ARIS und ein neuentwickeltes Integriertes Dynamisches System (IDS). Das IDS ist ein neuartiges Getriebesystem, das wesentlich leichter ist als die herkömmlichen Muster. Im IDS sind Getriebe, Rotormast und Steuerhydraulik zusammengefaßt. Die Rotorsteuerungselemente verlaufen beim IDS innerhalb von Getriebe und Rotormast zu den Rotorblättern. Der Erstflug des ALH fand am 30. August 1992 statt und die Serienfertigung wurde im Jahr 2000 mit vereinzelten Maschinen aufgenommen, die an indische Streitkräfte geliefert wurden. Aus drei Dhruv der indischen Luftwaffe IAF wurde 2004 das Kunstflugteam Sarang gebildet.

Am 16. August 2007 wurde eine bewaffnete Version mit stärkeren Triebwerken vorgestellt.

HAL Dhruv

Antrieb: 2 Turbomeca TM 333-2B2-Turbinen mit je 1105 WPS (825 kw) Leistung
Rotordurchmesser: 13,20 m
Rumpflänge: 13,43 m
Leermasse: 2750 kg
max. Abflugmasse: 5555 kg
Geschwindigkeit: Max: 295 km/h, Reise: 245 km/h
Reichweite: 640 km mit Reserve
Platzangebot: 2 Piloten und 14 Passagiere

Von Dhruv wurden bisher etwas mehr als 70 Maschinen an die indischen Streitkräfte ausgeliefert.

Großraum-Passagierhubschrauber Kawasaki-Vertol 107.

Als Ergebnis des verlorenen Krieges legte die japanische Luftfahrtindustrie nach 1945 ihre Schwerpunkte zunächst auf Lizenzproduktionen und Weiterentwicklungen von US-Lizenzen. So erwarb Kawasaki bereits Anfang der fünfziger Jahre die Lizenz zum Bau des Bell 47 G2. Es folgte der Kawasaki-Bell 47 G3, woraus der größere Kawasaki KH-4 entwickelt wurde. Auch Fuji und Mitsubishi konzentrierten sich in den folgenden Jahren auf den Lizenzbau amerikanischer Modelle. Fast in jedem Falle gaben Forderungen einer japanischen Teilstreitkraft den Anstoß. Wie in anderen Ländern ebenfalls üblich, sollte die nationale Luftfahrtindustrie aus der Beschaffung einen Nutzen ziehen. Da Eigenkonstruktionen für die relativ geringe benötigte Stückzahl zu teuer gewesen wären, entschied man sich für die Li-

Kawasaki KH-4.

Der Lizenzbau des Bell 204 von Fujii erleichtert sich an einer Abraumhalde.

zenzfertigung bereits erhältlicher Muster. Neben den militärischen Verkäufen erzielte vor allem Kawasaki gute Erfolge beim Verkauf an zivile Nutzer. So wurden vom Kawasaki-Vertol 107 über 100 Stück gefertigt, wovon elf als Großraum-Passagier-Hubschrauber, einer als VIP-Hubschrauber, acht als Feuerwehrhubschrauber, drei als Rettungshubschrauber und einer an die Polizei von Tokio geliefert wurden. Auch der MD Helicopters 500, der als Kawasaki-Hughes OH-6 an die japanischen Streitkräfte ging, fand zivile Käufer. Nur die 38 in Lizenz gebauten Schweizer 300 gingen als Kawaski-Hughes TH-55 J ausschließlich an die Flugschule der Japanese Ground Self Defense Forces, der japanischen Streitkräfte. Nachdem Anfang der siebziger Jahre Pläne zur Eigenkonstruktion eines zehnsitzigen Hubschraubers KH-7 entstanden, der dem Projekt Bo 107 von MBB sehr ähnlich war, entschieden sich Kawasaki und MBB 1977, das Projekt BK 117 zusammen zu entwickeln.

Fuji und Mitsubishi haben sich im Unterschied zu Kawasaki ausschließlich auf Lizenzbauten konzentriert. Fuji baute den Bell 204, den Bell 205 und den Bell AH-

1S für die japanischen Landstreitkräfte, Mitsubishi den SH-3 Sea King für die Marine. Die Sea King sollen in den nächsten Jahren durch Sea Hawk ersetzt werden. Zwei XSH-60 J sind deshalb schon an die Firma Mitsubishi ausgeliefert worden, die auch die Serienfertigung übernehmen wird.

Mit eigenen Entwürfen hat sich die japanische Industrie auf den Inlandsmarkt konzentriert: Kawasaki hat als Nachfolge für den OH-6 der Armee den OH-1, einen bewaffneten Beobachtungshubschrauber, entwickelt; Mitsubishi entwickelte den Experimentalhubschrauber RP-1. Er diente als Versuchsträger für den zivilen, zehnsitzigen MH 2000 in der Vier-Tonnen-Klasse. Der Erstflug beider Maschinen erfolgte 1997. Mitsubishi sieht allein in Japan Marktchancen für 200 Maschinen.

Versuchsträger Mitsubishi RP-1.

Kawasaki KH-4

Der Kawasaki KH-4 beruht auf dem Bell 47, den Kawasaki ab 1953 in Lizenz fertigte. Anfänglich wurde der Bell 47 G2, später der Bell 47 G3 nachgebaut. Aus dem leistungsstärkeren Bell 47 G3 entwickelten die Japaner den viersitzigen Kawasaki KH-4. Er startete im August 1962 zum Erstflug. Die Kabine fiel größer aus als beim Bell 47, so daß zwei hintereinander angeordnete Sitzbänke Platz fanden. Desweiteren wurde die Instrumentenanordnung verändert und ein zusätzlicher Tank eingebaut, um die Reichweite zu erhöhen. Die einzigartige Rundumsicht des Bell 47 wurde im Kawasaki KH-4 allerdings zugunsten des Platzgewinns geopfert. Als Zusatzausrüstung waren ein Bausatz mit Außentanks, einer Pumpe und einem Ausleger für die Verwendung als Sprühhubschrauber; ein Bausatz zum Einbau von Krankentragen; Außenlautsprecher, Zusatztanks zur Vergrößerung der Reichweite, Schwimmer und ein Lasthaken für Außenlasttransporte erhältlich. Bis zum Produktionsende im Jahre 1975 stellte Kawasaki 211 KH-4 her. 158 Stück gingen an zivile Betreiber, 28 an die thailändische Armee, 19 an das japanische Heer, fünf nach Südkorea und einer auf die Philippinen.

Kawasaki KH-4

Antrieb: 1 Avco Lycoming TVO-435-D1A-Kolbentriebwerk mit 270 PS (199 kW) Leistung
Rotordurchmesser: 11,32 m
Rumpflänge: 9,93 m
Leermasse: 857 kg
max. Abflugmasse: 1292 kg
Geschwindigkeit: Max: 169 km/h, Reise: 139 km/h
Reichweite: 345 km mit Reserve
Platzangebot: 1 Pilot und 3 Passagiere

Der Kawasaki KH-4 kann seine Verwandtschaft zum Bell 47 nicht verleugnen. Außer der vergrößerten Kabine und einem größeren Tank entsprechen sich die Maschinen weitgehend.

Kawasaki OH-1

Der bewaffnete und gepanzerte Kawasaki OH-1 wird die Nachfolge des beim japanischen Heer eingesetzten Beobachtungshubschraubers OH-6 übernehmen. Der schlanke, nacht- und allwettertaugliche Tandem-Zweisitzer wird seit 2000 ausgeliefert.

Am 2. September 1994 stellte die japanische Defense Agency das Projekt des bewaffneten Beobachtungshubschraubers OH-X vor. Er ersetzt seit dem Jahr 2000 die 170 beim Heer eingesetzten OH-6. Nachdem Kawasaki mit dem jahrelangen Lizenzbau von amerikanischen Hubschraubern genügend Erfahrungen gesammelt hatte, wurde der Konzern Hauptauftragnehmer für den ersten ausschließlich in Japan entwickelten Hubschrauber. Als Subunternehmer bei der Entwicklung und Herstellung sind die beiden Firmen Fuji und Mitsubishi eingesetzt, die je 20% der Fertigung übernehmen. Die Gesamtkosten für die Entwicklung beliefen sich schätzungsweise auf 780 Millionen US-Dollar. Der Erstflug des ersten Prototypen fand am 6. August 1996 statt. Die zweisitzige Maschine, die dem RAH-66 Comanche ähnelt, hat einen gelenklosen Hauptrotorkopf mit vier beschußsicheren Hauptrotorblättern sowie einen ummantelten Heckrotor mit acht Blättern. Der OH-1 wird zu 40 % aus Glasfaserwerkstoffen hergestellt, allein die Rotorsysteme bestehen zu 25% aus Kunststoffen. Das Cockpit des OH-1 ist mit Multifunktionsanzeigen ausgestattet. Als Bewaffnung dienen vier Luft-Luft-Raketen.

Kawasaki OH-1

Antrieb: 2 Mitsubishi XTS1-10-Turbinen mit je 884 WPS (659 kW) Leistung
Rotordurchmesser: 11,50 m
Rumpflänge: 12,00 m
Leermasse: 2200 kg
max. Abflugmasse: 3500 kg
Geschwindigkeit: Max: 260 km/h, Reise: 230 km/h
Reichweite: 190 km mit Reserve
Platzangebot: 2 Besatzung

Mitsubishi MH-2000

Mitsubishi MH-2000

Antrieb: 2 Mitsubishi MG5-110-Turbinen mit je 867 WPS (646 kW) Leistung
Rotordurchmesser: 12,20 m
Rumpflänge: 12,20 m
max. Abflugmasse: 4500 kg
Geschwindigkeit: Max: 280 km/h, Reise: 250 km/h
Reichweite: 740 km mit Reserve
Platzangebot: 2 Piloten und 12 Passagiere

Die japanische Firma Mitsubishi Heavy Industries sammelte durch die Lizenzfertigung verschiedener Sikorsky-Maschinen viel Erfahrung im Bau schwerer Hubschrauber. Die Kawasaki-Lizenzbauten waren vor allem bei der japanischen Marine im Einsatz.

Bedingt durch die hohe Bevölkerungsdichte und den mangelnden Raum für Flugplätze forcierten die Japaner Ende der achziger Jahre Pläne zum Aufbau eines dichten Netzes von Heliports. Zur gleichen Zeit stellte Mitsubishi Marktforschungen an, die den Bedarf von Hubschraubern in Japan ermitteln sollte. Als erfolgversprechendstes Modell wurde ein zehnsitziger Hubschrauber in der Vier-Tonnen-Klasse ermittelt, für den ein ziviler Absatz von 200 Maschinen allein in Japan prognostiziert wurde. Darüberhinaus wurden gute Absatzchancen im internationalen Markt der Bohrinsel-Zubringer für den küstennahen Bereich gesehen. Beste Avionik und ein niederer Vibrations- und Geräuschpegel bei geringen Betriebskosten machen die Attraktivität des MH-2000 aus. Auch die japanischen Streitkräfte, die für das 21. Jahrhundert ihren Bedarf an einem mittleren Transporthubschrauber angemeldet haben, sind ein potentieller Absatzmarkt, da in der japanischen Beschaffungspolitik japanische Produkte nach Möglichkeit den Lizenzbauten vorgezogen werden.

Der Mitsubishi MH-2000 hob am 29. Juli 1996 zum Erstflug ab. Im September 1999 erfolgte die Zulassung durch die japanische Luftfahrtbehörde.

POLEN

Polnischer Mi-2 beim landwirtschaftlichen Sprüheinsatz.

Die polnischen Luftfahrtwerke WSK-PZL wurden von Anfang an voll in die sowjetische Luftfahrtproduktion eingespannt. Als reiner Fertigungsbetrieb übernahm PZL die Herstellung verschiedenster sowjetischer Kampfflugzeuge, bevor dem Werk in Swidnik Mitte der 50er Jahre ein Teil der Lizenzfertigung von Mil Mi-1-Hubschraubern übertragen wurde. Die polnischen Mi-1 erhielten die Bezeichnung SM-1 und das – ebenfalls in Lizenz gefertigte – Ivchenko AI-26V Triebwerk. Verschiedene Versionen, darunter der mit Heizung, schallisolierter Kabine und Metallrotorblättern ausgerüstete SM-1 V, die Sanitätsversion SM-1 VS und der mit Doppelsteuer ausgerüstete Trainer SM-1 VSZ erweiterten die Modellpalette. Neben dem Radfahrwerk waren für Einsätze über See und Gewässern Schwimmer erhältlich.

In Zusammenarbeit mit dem Mil-Konstruktionsbüro führten die Polen verschiedene Versuche durch. So diente ein SM-1 mit Stummelflügeln (7,82 Meter Spannweite) als Versuchskaninchen zur Verbesserung der Flugeigenschaften des Grundmodells. Außerdem wurden im Auftrag der sowjetischen Streitkräfte die verschiedensten Waffenlasten erprobt. Zwischen 1957 und 1968 stellten Mi-1 und SM-1-Hubschrauber eine ganze Reihe von Geschwindigkeits-, Höhen- und Streckenweltrekorde auf.

Insgesamt sollen fast 3000 Mi-1 und SM-1 gebaut worden sein. Aus dem SM-1 entwickelte WSK-PZL in Eigenregie den fünfsitzigen SM-2. Beim SM-2 wurden die dynamischen Komponenten des SM-1 mit einer vergrößerte Kabine verbunden. Der SM-2 wurde als Krankentransporter für bis zu vier Patienten angeboten, wobei zwei Personen in der Kabine saßen und zwei in Gondeln an der Außenseite des Hubschraubers untergebracht wurden. Für Rettungseinsätze in unwegsamem Gelände standen neben einer Strickleiter eine Seilwinde mit 20 m Seillänge und 120 kg Lastkapazität zur Verfügung. Der SM-2 war für seine Zeit recht modern, so ver-

SM-1, die polnische Ausführung des russischen Mi-1.

Die Armeeversion des fünfsitzigen SM-2.

fügte er neben einer umfangreichen Avionik über Enteisungsanlagen für Haupt-und Heckrotor und für die Windschutzscheibe. Ab Mitte der sechziger Jahre übernahm WSK-PZL dann die exklusive Fertigung des im Mil Konstruktionsbüro entworfenen Mi-2, der sich zum zivilen und militärischen Standardhubschrauber vieler östlicher Staaten entwickelte. Nachdem der Bedarf an Mi-2 Ende der 70er Jahre abflaute, baute WSK-PZL auf eigene Initiative die mit westlichen Triebwerken ausgerüsteten Muster Kania und Kitty Hawk, die auf dem Mi-2 basieren, sowie die Neuentwicklung Sokol. Anfang 2007 schloss Sikorsky mit der polnischen Regierung einen Vertrag über den Kauf der PZL Mielec-Werke. Einerseits möchte Sikorsky hier zusammen mit der Unternehmenstochter Schweizer Kleinhubschrauber bauen. Andererseits sollen bei PZL auch internationale Black Hawk gefertigt werden.

Sokol-Turbinenmontage im Luftfahrtwerk WSK-PZL.

PZL Kania

Der Kania, eine Eigenentwicklung der PZL-Werke, hob am 3. Juni 1979 zum Erstflug ab. Durch den Einbau von Rolls Royce 250C-20B-Turbinen und westlicher Instrumente in einen modifizierten Mi-2-Rumpf hoffte man vor allem auf Export-Verkäufe. Die Haupt- und Heckrotorblätter sowie die Triebwerkseinlässe und die Windschutzscheibe sind beheizbar, so daß die Maschine in verschiedensten Klimazonen eingesetzt werden kann. In der 7,8 Kubikmeter großen Kabine können entweder neun Passagiere oder bis zu 1200 kg Last transportiert werden. Für den VIP-Transport steht eine Variante mit Luxusbestuhlung für fünf Personen zur Verfügung. Darüberhinaus kann der Kania als landwirtschaftlicher Sprühhubschrauber für die verschiedensten Düngerarten eingesetzt werden. Erhältlich sind ein Ausleger mit 11 m Spannweite für flüssiges Sprühgut, zwei Behälter mit rotierenden Scheiben für festen Dünger oder Ventile für die punktmäßige Besprühung eines Feldes. Es können sowohl polnische als auch amerikanische Verteilsysteme verwendet werden. Bei allen Varianten beträgt die Sprühmittel-Nutzlast 1000 kg. Die Exportversion des Kania heißt Kitty Hawk. Es wurde auch ein Mock-up mit Rolls Royce 250C-28-Turbinen gebaut, der jedoch nie flog. Insgesamt wurden 19 Kania gebaut.

PZL Kania

Antrieb: 2 Rolls Royce 250C-20B-Turbinen mit je 420 WPS (313 kW) Leistung
Rotordurchmesser: 14,56 m
Rumpflänge: 12,03 m
Leermasse: 2000 kg
max. Abflugmasse: 3550 kg
Geschwindigkeit: Max: 215 km/h, Reise: 190 km/h
Reichweite: 435 km mit Reserve
Platzangebot: 1 Pilot und 9 Passagiere

PZL versah den russischen Mi-2 mit Allison 250C-20B-Turbinen sowie westlichen Instrumenten und nannte ihn Kania.

PZL Mi-2
NATO-Code: Hoplite

Obwohl der Mi-2 eine Entwicklung des sowjetischen Mil-Konstruktionsbüros war, fand die Serienfertigung ausschließlich bei den polnischen PZL-Werken statt.

Der erste von Mikhail Mil entworfene und in Serie gefertigte Hubschrauber Mi-1 entwickelte sich Anfang der fünfziger Jahre zum Verkaufsschlager. Da sich Mil durch den Einbau von Turbinen eine Leistungsverbesserung gegenüber dem kolbengetriebenen Mi-1 ausrechnete, entwickelte er den Mi-2. Diesen versah er mit zwei kleinen Isotov-Turbinen oberhalb der Passagierkabine, wobei der Passagierraum entweder Platz für acht Passagiere oder für zwei Verletzte mit medizinischer Beglei-

PZL Mi-2

Antrieb: 2 Isotov GTD-350-Turbinen mit je 400 WPS (298 kW) Leistung
Rotordurchmesser: 14,56 m
Rumpflänge: 11,49 m
Leermasse: 2372 kg
max. Abflugmasse: 3550 kg
Geschwindigkeit: Max: 210 km/h, Reise: 190 km/h
Reichweite: 580 km mit Reserve
Platzangebot: 1 Pilot und 9 Passagiere

Abgehalfteter Mi-2 auf dem früheren Moskauer Stadtflughafen.

tung bot. Die gesamte Serienproduktion übernahmen ab 1965 die PZL-Werke im polnischen Swidnik. Mit über 5500 gebauten Maschinen in den verschiedensten Varianten ist der Mi-2 der meistgebaute leichte zweimotorige Hubschrauber der Welt. So waren Umbausätze für den Lastentransport, als Rettungshubschrauber mit einer Seilwinde (260 kg Tragfähigkeit), landwirtschaftliche Sprühhubschrauber (1000 Liter flüssige oder 700 kg feste Sprühmittel) oder Überwachungs-, Vermessungs- und Fotohubschrauber erhältlich. Militärische Versionen erschienen hauptsächlich als Schulungs-, Verbindungs- und Beobachtungshubschrauber. Einzelne Maschinen erhielten auch Raketen-Bewaffnung, wobei es sich dabei vor allem um Trainer handelte. Der Truppentransporter Mi-2 M wurde mit einer verbreiterten Kabine für bis zu zehn Soldaten ausgestattet.

PZL SW-4

Die polnischen Luftfahrtwerke PZL, die aufgrund von Serienfertigungen für das Mil-Designbüro erhebliche Erfahrungen im Hubschrauberbau sammelten, wollen mit dem SW-4 einen günstigen einturbinigen Mehrzweckhubschrauber auf den Markt bringen. Er ist als Fünfsitzer ausgelegt und bietet zwei westliche Triebwerke zur Auswahl an: In der Economy-Variante das 450 WPS leistende Rolls Royce 250-C20R/2-Triebwerk; in der High Performance-Version die Pratt & Whitney Canada PW-200/9-Turbine mit 615 WPS. Als Rotorsystem wurde ein klassischer Dreiblattrotor mit Zweiblatt-Heckrotor gewählt. Die Rotorblätter sind aus Verbundwerkstoffen gefertigt. Ein Großteil des Rumpfes soll aus Aluminium und Kunststoffen hergestellt werden, um eine geringe Leermasse zu erreichen. Neben klassischen Mehrzweckeinsätzen soll der SW-4 als Ambulanzhubschrauber und für Außenlasten eingesetzt werden können. Die Außenlastkapazität soll dabei 500-600 kg betragen. Der erste Prototyp wurde im Dezember 1994, der zweite Anfang 1995 fertiggestellt. Nachdem Sikorsky 2007 einen Vertrag mit der polnischen Regierung über den Kauf der Hubschrauberfertigung geschlossen hat, soll die Zulassung zeitnah erreicht werden.

PZL SW-4

Antrieb: 1 Rolls-Royce 250-C20R/2-Turbine mit 450 WPS (336 kW) Leistung
Rotordurchmesser: 9,12 m
Rumpflänge: 8,24 m
Leermasse: 1218 kg
max. Abflugmasse: 1800 kg
Geschwindigkeit: Max: 288 km/h, Reise: 240 km/h
Reichweite: 900 km ohne Reserve
Platzangebot: 1 Pilot und 4 Passagiere

Der SW-4 wird es nicht leicht haben, sich auf dem umkämpften Markt der fünfsitzigen Einmotoren-Hubschrauber durchzusetzen. Nur ein besonders günstiger Preis kann seinen Erfolg sichern. Sein Erstflug fand am 26. Oktober 1996 statt.

PZL W-3 Sokol / Anakonda

Schon Ende der siebziger Jahre entwickelte PZL eine vergrößerte Version des bewährten Mi-2. Die Erfahrungen aus der jahrelangen Lizenzfertigung führten zu einer ähnlichen Auslegung mit über der Kabine angeordneten Triebwerken und einem festen Fahrwerk. Der Sokol (zu deutsch: Falke; im Export Falcon genannt) ist mit einem 200 km reichenden Wetterradar und einem Zwei-Achs-Autopiloten ausgerüstet. Die Avionikausrüstung macht ihn voll IFR-tauglich. Angeboten werden eine Passagierversion für zwölf Passagiere, eine Frachtversion für bis zu 2100 kg Nutzlast, eine Kranversion mit elektrischer Verwiegeeinrichtung für Außenlasten und eine Rettungsversion mit einer Winde und Platz für vier Tragbahren. Die polnische

Anakonda der polnischen Marine während einer Flottenübung in der Ostsee. Schwimmer erlauben ein Verweilen im nassen Element.

PZL W-3A Sokol

Antrieb: 2 PZL-10W-Turbinen mit je 900 WPS (671 kW) Leistung
Rotordurchmesser: 15,70 m
Rumpflänge: 14,20 m
Leermasse: 3850 kg
max. Abflugmasse: 6400 kg
Geschwindigkeit: Max: 260 km/h, Reise: 222 km/h
Reichweite: 660 km mit Reserve
Platzangebot: 2 Piloten und 12 Passagiere

Marine hat eine SAR-Version W-3 Anakonda bestellt. Die um 60 cm verlängerte Variante W-3 L kann bis zu 14 Personen transportieren. Die Verwendung von zwei leistungsgesteigerten PZL-10W-Turbinen erlaubt die Erhöhung der maximalen Abflugmasse auf 6700 kg. Aufgrund der geringen Nachfrage nach Mi-2 versucht PZL verstärkt, auf den westlichen Markt zu exportieren. Bisher allerdings ohne größeren Erfolg- die meisten der 160 abgesetzten Maschinen wurden in Polen abgesetzt. 1994 kaufte allerdings die sächsische Landespolizei eine Maschine, denn mit einem Preis von ca. 3,1 Millionen US-Dollar liegt der Sokol weit unter dem Niveau vergleichbarer westlicher Modelle.

Die sächsische Landespolizei betreibt einen PZL W-3 Sokol. Im Hintergrund die Ausführung als Rettungshubschrauber.

SÜDAFRIKA

Ein Rooivalk zeigt seine »Zähne«: Eine schwenkbare 20 mm-Kanone GAF-1 am Kinn (Munitionsvorrat: 700 Schuss), zwei Luft-Luft-Lenkraketen V3B Kukri zur Selbstverteidigung an den Flügelenden, acht Panzerabwehr-Lenkwaffen sowie 44 ungelenkte 68 mm-Raketen in Behältern zur Bekämpfung von Bodenzielen. Gut zu erkennen sind die starken Dämpfer des Radfahrwerks.

Atlas CSH-2 Rooivalk

Atlas CSH-2 Rooivalk

Antrieb: 2 Topaz-Turbinen mit je 2300 WPS (1715 kW) Leistung
Rotordurchmesser: 15,58 m
Rumpflänge: 15,65 m
Leermasse: 5910 kg
max. Abflugmasse: 8750 kg
Geschwindigkeit: Max: 309 km/h, Reise: 278 km/h
Reichweite: 690 km mit Reserve
Platzangebot: 2 Besatzung

Not macht Erfinderisch: Handelsboykotte und Restriktionen führten dazu, dass die Republik Südafrika in den sechziger und siebziger Jahren eine eigene Rüstungsindustrie aufbaute. Neben dem Nachbau westlicher und östlicher Modelle entwickelten die Südafrikaner bald eigene Waffen, in die die Erfahrungen zahlreicher Buschkriege einflossen. Den Verhältnissen angepasst, zeichnen sie sich durch Robustheit und Verlässlichkeit aus.

Zu den jüngsten militärischen Errungenschaften gehört der CSH-2 Rooivalk (afrikaans für: Roter Falke). Es handelt sich dabei um eine Entwicklung der Atlas Aircraft Corporation in Transvaal, die bereits Puma und Alouette für die südafrikanischen Luftwaffe in Lizenz fertigte. 1982 wurden die Forderungen nach einem reinen Kampfhubschrauber laut, 1985 begann die Definitionsphase. Die Erfahrungen der südafrikanischen Luftwaffe in den Buschkämpfen in Angola und im Norden von Namibia forderten einige für Kampfhubschrauber ungewöhnliche Lösungen. So ist die Maschine nur leicht gepanzert, da Beschuss meist nur von leichten Waffen zu erwarten ist. Entsprechend wurde mehr Wert auf Kompaktheit und Wendigkeit sowie auf spezielle Sicht- und Waffensysteme gelegt. Aus Gründen der Flexibilität besteht die Bewaffnung aus Standard-Waffensystemen der südafrikanischen Armee Die Tanks sind selbstdichtend. Falls aufgrund eines Treffers eine Notlandung notwendig werden sollte, absorbiert das Fahrwerk auch stärkste Stöße. Die Entwicklungsarbeiten fanden an einem modifizierten Alouette III unter der Bezeichnung XH-1 Alpha sowie an zwei modifizierten Pumas unter der Bezeichnung XTP-1 und XTP-2 statt. Im XH-1 wurde die Tandemanordnung des Cockpits, im XTP-1 die Avionikintegration und im XTP-2 die Stummelflügel mit den Waffensystemen getestet. Der Erstflug fand am 11. Februar 1990 statt.

Ein Atlas CSH-2 Rooivalk über Transvaal. Die Südafrikaner leiteten ihren »Roten Falken« vom SA 330 Puma ab, wobei Elektronik, Rumpf und Waffensystem eigene Entwicklungen darstellen. Aufgrund ihrer Kampferfahrung im Buschkrieg legte die Luftwaffe größeren Wert auf Wendigkeit und Kompaktheit als auf die Überlebensfähigkeit beim Beschuß durch schwere Waffen. Im November 1998 wurde die erste der 12 von der South African Air Force bestellten Maschinen ausgeliefert.

USA

Ein MD 500 E fliegt Hawaii-Touristen über den Krater des Mauna Loa (4170 m). Aufgrund ihrer geringen Geräuschentwicklung werden die Helikopter der Baureihen MD 500/530 besonders als Panorama-, Geschäftsreise- und Polizeihubschrauber geschätzt.

Der Beginn der amerikanischen Hubschrauber-Entwicklung und deren Fortschritt ist eng verbunden mit dem Namen Igor Ivanovitch Sikorsky. Der 1889 in Kiev geborene Sikorsky baute schon als Zwölfjähriger seinen ersten kleinen Hubschrauber, angeregt durch ein Buch über Leonardo da Vinci. Mit 19 Jahren reiste er nach Frankreich – zu jener Zeit ein Pionierland der Fliegerei - um sich dort über die neuesten Entwicklungen zu informieren. Unmittelbar nach der Rückkehr nach Kiew entwickelte er einen Hubschrauber mit koaxialem Rotorsystem und 25 PS-Motor. Die Flugleistungen dieses und eines weiteren Modells waren jedoch so weit von den Vorstellungen des Erfinders entfernt, daß er sich enttäuscht dem Flugzeugbau zuwandte. Igor Sikorsky entwickelte einige erfolgreiche Flächenflugzeuge und führte deren Produktion auch nach seiner Auswanderung in die USA im Jahre 1917 weiter. Trotz der Erfolge im Flugzeugbau verlor Sikorsky die Drehflügler aber nicht aus den Augen und beobachtete vor allem die erfolgreichen Entwicklungen in Deutschland. Schon 1931 hatte sich Sikorsky einige Patente sichern lassen, darunter jenes, das die Verwendung eines Haupt- und Heckrotors zum Drehmomentausgleich regelte. Ende der dreißiger Jahre machte sich Sikorsky dann erneut an die Hubschrauber-Entwicklung. 1939 startete er mit seinem VS 300 die ersten gefesselten Flugversuche. Die erste Ausführung arbeitete mit einem Haupt- und einem Heckrotor, doch aufgrund der schlechten Steuereigenschaften nahm der Meister verschiedene Änderungen vor. Erst 1941 überzeugte der VS 300 mit befriedigenden Steuereigenschaften, so daß die Entwicklungsarbeiten an dem von der amerikanischen Luftwaffe in Auftrag gegebenen R-4 beginnen konnten. 1942 hob der kleine Zweisitzer zum Erstflug ab – und begeisterte sowohl die englische Luftwaffe als auch die amerikanische Marine, die ersten Maschinen in Betrieb nahmen. Damit konnte Sikorsky die erste Hubschrauber-Serienfertigung der Welt aufnehmen. Schon zwei Jahre später hatte der R-5, eine erheblich vergrößerte Weiterentwicklung des R-4, seinen Erstflug. Die Kabine des R-5 war groß genug, um Kran-

Igor Sikorsky beim Fesselflug in seinem VS 300.

kentragen zu transportieren, so dass ein Helikopter erstmals im militärischen Rettungsdienst eingesetzt werden konnte. Der R-5 erfreute sich bei den amerikanischen Streitkräften aufgrund seiner vielfältigen Einsatzmöglichkeiten steigender Beliebtheit und für Sikorsky wurde er, auch durch die zivile Variante S-51, zum Verkaufsschlager. Auch die Engländer meldeten Interesse am S-51 an, so daß er zum ersten Hubschrauber wurde, dessen Lizenzbaurechte vergeben wurden. Westland baute den S-51 ab 1947 unter der Bezeichnung Dragonfly nach und entwickelte daraus den Westland Widgeon. Dem S-51 folgte der S-52, der als erster Hubschrauber Ganzmetall-Rotorblätter erhielt. Einige Exemplare wurden von der US Air Force und der US Navy eingesetzt. Der S-52 stellte 1949 einen offiziellen Höhenweltrekord mit 6468 m auf. Das Projekt S-53 war für die US Navy gedacht, kam aber nicht über das Prototypenstadium hinaus. Sikorsky erkannte schon die Tendenz zu größeren Hubschraubern, bei denen sich der Tandemrotor als Alternative für den Drehmomentausgleich anbot. Deshalb entwickelte er den Versuchshubschrauber S-54. Er gelangte nach Flugversuchen mit dem S-54 jedoch zur Überzeugung, daß Haupt- und Heckrotor auch bei größeren Maschinen die bessere Lösung zum Drehmomentausgleich darstellten. Mit dem S-55 gelang Sikorsky schließlich der große internationale Durchbruch. Bei der als Transporthubschrauber ausgelegten Maschine, die zehn Personen oder 1000 kg Last transportieren konnte, war das Triebwerk an der Front des Rumpfes untergebracht und konnte über große Klapptüren gut erreicht werden. Dies erleichterte die Wartung, vor allem im Gelände. Der S-55 wurde von allen US-Teilstreitkräften eingeführt und während des Koreakrieges erprobt. Einschließlich der englischen (dort wurde der S-55 »Whirlwind« genannt), japanischen und französischen Lizenzbauten wurde der S-55 in über 1800 Exemplaren gebaut.

Sikorsky S-51 als Postbote.

Durch die Transportmöglichkeiten des S-55 angeregt, forderte das US Marine Corps von Sikorsky nun einen großen Transporthubschrauber. Für mehr Sicherheit bei einem Triebwerksausfall wurden gleich zwei je 2100 PS leistende Kolbentriebwerke gewählt, die außerhalb der Kabine angebracht wurden. Dieser S-56 konnte 36 Soldaten oder Lasten bis zu 5000 kg Gewicht bewegen. Durch die beiden Türen im Bug ließen sich erstmals ganze Jeeps oder Haubitzen in den Hubschrauber fahren und über größere Distanzen transportieren. Dem S-56 folgte der S-60, ein fliegender Kran. Er erhielt, ähnlich dem S-64, ein hohes Fahrwerk, so daß er zwischen dem Fahrwerk Lasten oder auswechselbare Behälter transportieren konnte. Die US Army erprobte den S-60 Ende 1959, hatte zu dieser Zeit jedoch keinen Bedarf.

Mit dem S-69 (XH-39) wollte Sikorsky der US Army einen sehr leistungsfähigen, aber für die Heeres-Bedürfnisse zu kleinen Mehrzweckhubschrauber verkaufen. Die US Army entschied sich für den größeren Bell XH-40 und führte damit den ersten Hubschrauber der erfolgreichen UH-1-Serie ein. Außer den be-

Sikorsky S-52 – der erste Serienhubschrauber mit Ganzmetall-Rotorblättern.

Ein S-56 mit einem Zug Marineinfanteristen an Bord setzt zur Landung auf der USS Valley Forge an, Oktober 1956.

kannten und erfolgreichen Sikorsky-Hubschraubern wurden auch verschiedene Versuchshubschrauber und die beiden erfolglosen Muster S-66 und S-67 Blackhawk entwickelt. Der Kampfhubschrauber S-67 übernahm viele dynamische Komponenten des S-61. Obwohl er nacheinander zwei Geschwindigkeitsweltrekorde aufstellte, erbrachte die Erprobung insgesamt unbefriedigende Ergebnisse. Nachdem der einzige Prototyp 1967 bei einer zu niedrig geflogenen Rolle in Farnborough abstürzte, wurde die Entwicklung eingestellt.

Das Vorgängermodell S-66, das den US Army-Wettbewerb für einen Kampfhubschrauber verloren hatte, zeigte ein interessantes Detail: Sein Heckausleger konnte im schnellen Vorw„rtsflug um 90 Grad geschwenkt werden, so daß er als Propeller wirkte. Durch diesen zusätzlichen Schub trug der geschwenkte Heckrotor zum Erreichen hoher Fluggeschwindigkeiten bei.

Drei Experimentalhubschrauber – S-69 ABC, S-72 RSRA, S-75 ACAP – baute Sikorsky zur Erprobung neuer Technologien. Der S-69 ABC (Advancing Blade Concept) mit Koaxialrotor diente beispielsweise als Pioniermodell für hohe Fluggeschwindigkeiten. Sein koaxialer Rotor mit starren Blättern erzeugte an beiden Seiten des Rumpfes den gleichen Auftrieb. Mit Hilfe zweier zusätzlicher Schubtriebwerke konnten Fluggeschwindigkeiten von 487 km/h erreicht werden. Weitere Finanzmittel zur Erforschung des ABC als Alternative zum Tiltrotor wurden jedoch nicht vergeben.

Der S-72 RSRA (Rotor Systems Research Aircraft) wurde ab 1976 zur Erprobung verschiedener Rotorkonfigurationen eingesetzt. Im Auftrag der NASA und der US Army wurden die verschiedensten Rotorsysteme einzeln und in Verbindung mit einer Flugzeugkonfiguration – Stummelflügel und Schubtriebwerke – getestet. 1983 erhielt das Unternehmen Sikorsky von der NASA und der DARPA (Defense Advanced Research Projects Agency) den Auftrag, am S-72 den sogenannten X-Wing- Rotor zu erproben. Der X-Wing sollte im Senkrechtflug wie ein Hauptrotor wirken, um dann angehalten zu werden und im Vorwärtsflug die Aufgabe einer starren Tragfläche zu übernehmen. In der Übergangsphase sollte Luft, die aus den X-Wings nach unten geblasen wurde, für den nötigen Auftrieb sorgen.

Der S-75 ACAP (Advanced Composite Airframe Program) war dagegen der erste ganz aus Verbundwerkstoffen gebaute Hubschrauber der Welt. An ihm wurde die Verwendung von Verbundwerkstoffen zur Gewichts- und Kostenreduzierung, zur Vereinfachung der Produktion und zur taktischen Verbesserung getestet.

Auch die Firma Bell Aircraft sammelte zuerst Meriten im Flugzeugbau, bevor sie 1943 mit dem Bell 30 ihren ersten Hubschrauber vorstellte. Er flog mit dem von Arthur Young entwickelten Rotorsystem, bei dem zwei im 90 Grad-Winkel zu den Rotorblättern ange-

Forschungsprojekt S-72 RSRA mit X-Wing-Rotor.

ordnete Gewichte den Rotor durch einen Kreiseleffekt stabilisieren. Der Bell 30 krankte allerdings an erheblichen Vibrationsproblemen. Aus vielen weiteren Versuchen entstand der Bell 47, der am 8.März 1946 als erster Hubschrauber der Welt eine zivile Typenzulassung erhielt. Er fand sowohl zivile wie militärische Abnehmer; bis zum Produktionsende stellte Bell über 6000 Stück her.

Bell 30, der Ur-Bell.

1949 wurde eine zehnsitzige Version des Bell 47, der Bell 48 für die US Army entwickelt, wobei nur wenige Exemplare ausgeliefert wurden.

1950 gewann Bell einen Wettbewerb der US Navy, ausgeschrieben für einen U-Boot-Jagdhubschrauber. Und im März 1953 startete der einzige Bell-Hubschrauber mit Tandemrotoren, der Bell 61 (HSL-1) zum Erstflug. Die beiden gegenläufigen Zweiblattrotoren arbeiteten mit den Bell-typischen Ausgleichsgewichten. Als Antrieb diente ein Pratt & Whitney Sternmotor mit 1900 PS Leistung. Aufgrund von Lärmproblemen und Budgetkürzungen wurden jedoch nur wenige HSL-1 tatsächlich an die Marine ausgeliefert.

1954 schrieb die US Army einen Mehrzweckhubschrauber aus. Der von Bell ins Rennen geschickte Prototyp gewann, und aus diesem XH-40 entwickelte die Firma ihren Bell 204 (UH-1A) entwickelte. Damit schlug die Geburtsstunde der langen und erfolgreichen Reihe ziviler und militärischer Huey-Modelle, die größtenteils noch heute im Einsatz stehen. Einer ihrer fast vergessenen Väter ist der deutsche Wissenschaftler Dr.-Ing. Anselm Franz (1900-1994), der während des II. Weltkrieges bei Junkers das von Prof. Herbert Wagner konzipierte, revolutionäre Turbinen-Luftstrahltriebwerk Jumo 004 weiterentwickelte, mit dem u.a. der erste Serien-Düsenjäger der Welt, die Messerschmitt Me 262, flog. Die Amerikaner machten sich nach 1945 sein Wissen zunutze: 1951 rief Dr. Franz die Gasturbinen-Entwicklung bei der Motorenfirma Lycoming ins Leben – und die Lycoming-Turbinen wurden wesentliche Bausteine nicht nur der berühmten Hueys.

Den zweiten Meilenstein bei Bell stellte die Entwicklung des Bell 206 Jet Ranger dar, der eine erste Ausschreibung der US Army nach einem leichten Beobachtungshubschrauber verloren hatte. Der aus dem OH-4 entwickelte Jet Ranger erzielte auf dem zivilen Markt jedoch große Erfolge, und der 1968 neueröffnete Wettbewerb der US Army für einen leichten Beobachtungshubschrauber erbrachte Bell schließlich einen stolzen Auftrag von 2200 Maschinen. Aus den Mustern Bell 204 und Bell

Der zehnsitzige Bell 48 wurde für das US-Heer entwickelt.

Bell 61 beim Ziehen eines Schwimmbaggers.

Aus dem Prototyp OH-4 entwickelte Bell sein Zugpferd Bell 206.

206 wurden im Laufe der Jahre eine Reihe von leichten und mittleren Hubschraubern entwickelt, die viele zivile und militärische Abnehmer fanden.

Die steile Erfolgskurve des Unternehmens erfuhr 1991 einen Einbruch, als das »Super-Team« von Bell und McDonnell Douglas die Ausschreibung um den neuen LHX (Light Helicopter Experimental) verlor. Den Auftrag erhielt das Team von Sikorsky/Boeing mit seinem RAH-66. Dafür sicherten sich Bell und Boeing den Entwicklungsauftrag für den V-22 Osprey, was einen langfristigen Vorsprung in der Kipprotor-Technologie bedeuten kann.

Außer den bekannten Namen beschäftigten sich auch weniger bekannte US-Pioniere mit dem Hubschrauberbau. Zu ihnen gehört Stanley Hiller, der 1944 im zarten Alter von 18 Jahren den ersten funktionierenden US-Hubschrauber mit Koaxialantrieb entwickelte. Seinem zweisitziger XH-44 Hillercopter hatte jedoch kein wirtschaftlicher Erfolg beschieden. Nach weiteren Experimenten gelang Hiller schließlich mit dem mit Modell 360, das über Haupt- und Heckrotor verfügte, und dem weiterentwickelten UH-12 der Durchbruch. Letztgenannten setzten die US-Streitkräfte in großen Stückzahlen als Schulungs- und Beobachtungshubschrauber ein. Hiller entwickelte außerdem den ersten mit Blattspitzenantrieb ausgestatteten Hubschrauber HJ-1 Hornet, der eine zivile Typenzulassung erhielt.

Charles H. Kaman, der mit Sikorsky zusammengearbeitet hatte, gründete 1945 die Kaman Aircraft Corporation. Seine erste Entwicklung K-125 rüstete er nach einem deutschen Patent aus den 30er Jahren mit zwei schräg zueinander angeordneten, ineinandergreifenden Hauptrotoren aus. Als Weiterentwicklung erschien der zweisitzige K-225, der 1949 zugelassen und von der US Navy eingesetzt wurde. Kaman versah 1951 einen K-225 mit einer Boeing-Turbine und schuf so den ersten turbinengetriebenen Drehflügler. Aus dem zwei- und dreisitzigen K-225 wurde der viersitzige K-600 mit Kolbenmotor, der später als turbinengetriebener H-43 Huskie (Platzangebot: zehn Passagiere) zum großen Erfolg wurde. Zu den Kaman-Erfolgsrezepten gehörte die sehr einfache Hauptrotorsteuerung, die auch bei modernen Konstruktionen weiterhin Anwendung findet: Statt einer Taumelscheibe mit hohen Steuerkräften verfügen Kaman-Hubschrauber an jedem Rotorblatt über kleine Ruderklappen, die von Stangen, die durch die Rotorblätter laufen, direkt angesteuert werden. Die kleinen Steuerklappen stellen das gesamte Rotorblatt mit Hilfe der Aerodynamik in den richtigen Anstellwinkel, so daß auf hydraulische Steuerunterstützung vollständig verzichtet werden kann.

Der Flugzeughersteller Lockheed wollte in den sechziger und siebziger Jahren ebenfalls im Hubschrauberbau Fuß fassen. Lockheed entwickelte den Kampfhubschrauber AH-56 Cheyenne, eine eigenartige Konstruktion mit Stummelflügeln und einem Schubpropeller am Heck. Dieser Schubpropeller verlieh dem Cheyenne Höchstgeschwindigkeiten von 416 km/h und erhöhte seine Wendigkeit enorm. Nachdem schon bei der Erprobung Probleme im Heck auftraten und während einer Flugvorführung das Heck abbrach, was zum Absturz führte, wurde der von der Army erteilte Auftrag über 375 AH-56 wieder storniert.

Der Milliardär Howard Hughes, ebenfalls im Flugzeugbau engagiert, entwickelte Anfang der fünfziger Jahre den XH-17 Flying Crane für die Air Force. Trotz des Abfluggewichtes von über 20 Tonnen arbeitete er mit Blattspitzenantrieb. Der riesige Hubschrauber mit seinen 37,62 m Hauptrotordurchmesser hob im Oktober 1952 erstmals ab. Die weitere Entwicklung wurde aufgrund von Budget-Kürzungen eingestellt.

Den Kaman K-225 brachten zwei ineinandergreifende Hauptrotoren in die Luft.

Dem Lockheed AH-56 Cheyenne sollte man auf dem Kriegspfad besser nicht begegnen.

Die Flugzeugwerke von Hughes schufen schließlich so erfolgreiche Typen wie den Hughes 269/300, den Hughes 500 und den Hughes AH-64 Apache, bevor sie die Produktreihen an McDonell Douglas und Schweizer verkauften.

Zu den Helikopter-Pionieren gehört auch Frank Piasecki. Er arbeitete bei verschiedenen Autogiro- und Flugzeugherstellern beschäftigt, um 1947 die Piasecki Helicopter Corporation zu gründen, die aus der Entwicklungsfirma P.V.Engineering Forum hervorging. Nachdem Piasecki 1943 den vielbeachteten zweisitzigen PV-2 mit Haupt- und Heckrotor gebaut hatte, erhielt er von der amerikanischen Marine den Auftrag zur Entwicklung eines Transporthubschraubers. Aufgrund der geforderten Größe der Maschine, wählte Piasecki das Tandem-Rotorsystem. Im März 1945 startete der Piasecki PV-3 als seinerzeit größter Hubschrauber der Welt zum Erstflug. Er stellt den Urvater einer ganzen Reihe von Transporthubschraubern mit Tandemrotor dar. Zu den erfolgreichsten Piasecki-Entwicklungen gehörte der HUP-2 Retriever, den außer der US Army und US Navy auch die kanadischen und französischen Marinen orderten. Er mußte seine Fähigkeiten vor allem im Koreakrieg beweisen. Noch erfolgreicher war der Piasecki H-21, von dem über 500 Exemplare an die US Army und Air Force, 108 an die französischen, zehn an die japanischen, elf an die schwedischen und 32 an die deutschen Streitkräfte gingen. Die amerikanischen H-21 wurden in großem Umfang in Vietnam eingesetzt.

Der XH-17 Flying Crane mit Blattspitzenantrieb machte seinem Namen alle Ehre: Die Abbildung zeigt ihn beim Transport eines Sattelschlepper-Anhängers.

Die Piasecki Helicopter Corporation wurde 1956 in Vertol Aircraft Corporation umbenannt, weshalb der H-21 auch als Vertol bekannt wurde. Die Vertol Aircraft Corporation wurde 1960 von Boeing übernommen und anfänglich als Boeing Vertol Company geführt, bevor sie schließlich den Namen Boeing Helicopters erhielt.

Auch Cessna versuchte 1952 mit Übernahme der Seibel Helicopter Company, im Hubschraubergeschäft Fuß zu fassen. Cessna entwickelte den viersitzigen CH-1 C Skyhook. Da der Motor in der Nase saß, konnte der Innenraum großzügig gestaltet werden. Den CH-1 sah die Firma als Ergänzung ihrer Privat- und Geschäftsreiseflugzeuge. Die US Army testete

Fertigung des AH 64 Apache bei McDonnell Douglas (jetzt Boeing).

zehn Maschinen als YH-41 Seneca, bestellte aber keine weiteren Cessna-Hubschrauber. Obwohl die Leistungen des Viersitzers überzeugten, konnte Cessna nur 23 Maschinen an Privatpersonen verkaufen, wahrscheinlich aufgrund des hohen Preises, der mit ca. 50.000 US-Dollar fast 20.000 Dollar über dem teuersten Flugzeug im Cessna-Sortiment lag. Der Hiller UH-12 E4 und der Bell 47J kosteten je 10.000 Dollar weniger als der Skyhook. Ein Kunde soll gesagt haben: »Es ist billiger, sich eine Cessna 180 oder 185 zu kaufen und sich eine Graslandepiste zu bauen, als sich den Skyhook anzuschaffen«. Cessna kaufte schließlich alle Skyhook zurück, die Seneca der Army wurden bis auf eine Maschine verschrottet. Sie steht heute im US Army Museum in Fort Rucker.

Der HUP-2 Retriever von Piasecki durfte seine Fähigkeiten vor allem im Koreakrieg beweisen.

Der Piasecki PV-15 bei seinem Erstflug am 23. Oktober 1953.

Bell 47

Bell 47 G-3B Soloy

Antrieb: 1 Rolls Royce 250C-20B-Turbine mit 420 WPS (313 kW) Leistung
Rotordurchmesser: 11,60 m
Rumpflänge: 9,63 m
Leermasse: 803 kg
max. Abflugmasse: 1451 kg
Geschwindigkeit: Max: 169 km/h, Reise: 135 km/h
Reichweite: 290 km mit Reserve
Platzangebot: 1 Pilot und 2 Passagiere

Der Bell 30 war der erste Hubschrauber des gleichnamigen Herstellers. Starke Schwingungen zerstörten den ersten Prototyp jedoch schon nach wenigen kurzen Flügen. Das Folgemodell Bell 47 A erhielt am 8. März 1946 als erster Hubschrauber die zivile Zulassung der amerikanischen Luftfahrtbehörde. Es folgten der Bell 47 B mit 175 PS Franklin-Motor, der Bell 47 D als erster Bell mit »Fischglas«-Kanzel und der Bell 47 E mit 200 PS-Triebwerk. Aufgrund der relativ schwachen Leistungen erhielten die in großer Stückzahl gebauten Bell 47 G-2 bis G-5 dann Lycoming-Motoren mit bis zu 280 PS Leistung. Die Modelle Bell 47 H, J, K kamen mit verkleidetem Rumpf, größerem Innenraum für bis zu vier Personen und einer geschlossenen Cockpitverglasung. Zur Verbesserung der Leistung wurde von Soloy Conversions ein Umbausatz zum Einbau einer 420 WPS leistenden Rolls Royce 250C-20B-Turbine angeboten. Lizenzen wurden an Westland nach England, an Agusta nach Italien und an Kawasaki nach Japan vergeben, die den Bell 47 zum Kawasaki KH-4 weiterentwickelten. In Italien operierte der Bell 47 J unter der Benennung Super Ranger als U-Boot-Bekämpfungshubschrauber von Schiffen aus. Die Bell 47-Serie wurde bei Bell 1974 und bei Agusta 1976 eingestellt.

Das Erscheinungsbild des Bell 47 B prägte seine charakteristische Hundeschnauze.

Ab der Ausführung D erhielt die Bell 47 ihre »Fischglas«-Kanzel. Der wendige Hüpfer wird häufig für landwirtschaftliche Sprühflüge eingesetzt, wie hier in den Weinbergen bei Stuttgart.

Bell 204

Mit dem Prototyp eines leichten Mehrzweckhubschraubers legte Bell den Grundstein für die erfolgreichste Hubschrauberfamilie der westlichen Welt. Am 22. Oktober 1956 flog der Bell XH-40 erstmals, der die Forderung der US Army nach einem Schulungs-, Transport- und Rettungshubschrauber erfüllen sollte. Die Serienausführung Bell 204 A wurde mit einer 860 WPS leistenden Honeywell-Turbine ausgerüstet.

Nach einer Lieferung von 110 HU-1 A Iroquois, die auch in Vietnam eingesetzt wurden, sollte eine stärkere Version entwickelt werden. Der Bell UH-1 B, dessen zivile Version Bell 204 B vielfach für Lasttransporte eingesetzt wurde, wartete mit Leistungen zwischen 960 WPS (Honeywell T53-L-5) und 1100 WPS (T53-L-11) auf. 1965 erschien die Version Bell UH-1 C mit neuem Rotor und breiteren Blättern.

Bell UH-1 B

Antrieb: 1 Honeywell T53-L-11-Turbine mit 1100 WPS (820 kW) Leistung
Rotordurchmesser: 13,41 m
Rumpflänge: 12,08 m
Leermasse: 1982 kg
max. Abflugmasse: 3856 kg
Geschwindigkeit: Max: 237 km/h, Reise: 203 km/h
Reichweite: 418 km mit Reserve
Platzangebot: 2 Piloten und 7 Passagiere

Der Bell 204 wurde als Transport- und Mehrzweckhubschrauber für die US Army entwickelt. Wegen der Einführung des größeren Bell 205 wurden nur relativ wenige Exemplare gebaut. Im Bild die Lizenzversion AB 204 von Agusta.

Den Bell 204 B fertigte Agusta in Lizenz, wobei die Italiener Rolls-Royce Gnome H.1200-, Honeywell T53- und General Electric T58-Turbinen verwendeten. Eine weitere Version Agusta-Bell 204 AS wurde als U-Boot-Jäger an die italienische und spanische Marinen geliefert.

Fuji fertigte neben dem Fuji-Bell 204 B auch die Weiterentwicklung Fuji-Bell 204 B-2 mit einer 1400 WPS leistenden Honeywell T53-K-13B-Turbine.

Bell 205 / UH-1 Huey

Der Bell 205, beim Militär UH-1 oder Huey genannt, ist der wohl bekannteste Hubschrauber überhaupt. Die erste Vorserienmaschine YUH-1 D flog bereits am 16. August 1961. Sie unterschied sich vom Bell 204 äußerlich durch die verlängerte Kabine. Die UH-1 D Iroquois und UH-1 H bildeten über Jahre hinweg die Standardhubschrauber vieler Streitkräfte. Bell stellte insgesamt über 10000 UH-1 her, die u.a. von der US Army in Vietnam mit verschiedenster Bewaffnung eingesetzt wurden. Als EH-1 kommt der UH-1 mit großen Antennen für die elektronische Kriegsführung.

Der Bell 205 steht in den verschiedensten Ausführungen bei vielen militärischen und zivilen Betreibern im Einsatz, wie hier beim Waldkalken in einem Forstrevier im Harz, um die Folgen des sauren Regens zu mildern.

Bell 205

Antrieb: 1 Honeywell T53-L-13-Turbine mit 1400 WPS (1044 kW) Leistung
Rotordurchmesser: 14,63 m
Rumpflänge: 12,77 m
Leermasse: 2385 kg
max. Abflugmasse: 4763 kg
Geschwindigkeit: Max: 222 km/h, Reise: 204 km/h
Reichweite: 510 km mit Reserve
Platzangebot: 2 Piloten und 14 Passagiere

Dornier, Fuji, AIDC in Taiwan und Agusta fertigten den UH-1 in Lizenz. Schon in den sechziger Jahren wurde für die kanadischen Streitkräfte eine zweimotorige Version des UH-1 H unter der Bezeichnung UH-1 N (zivil Bell 212) entwickelt. Neben den 50 Exemplaren für Kanada gingen 212 Stück an die US Marines, die US Navy und die US Air Force. Agusta entwickelte den zivilen Agusta Bell 205 A-1, den Agusta AB 205 TA mit Astazou-Turbine sowie die zweimotorige Variante AB 205 Bi-Gnome. Die spätere Lizenzfertigung des Bell 212 stoppte dieses Projekt jedoch. Im August 1992 erlebten die Huey mit dem Huey II-Programm eine Renaissance. Der UH-1 H wurde dabei mit einem um 400 WPS stärkeren Honeywell T53-L-703-Triebwerk, verstärktem Getriebe, besseren Rotorblättern und leichten Heckveränderungen erheblich verbessert. Das Interesse einiger zivilen Kunden am Huey II führte schliesslich zur Entwicklung des Bell 210. Am 7. Dezember 2000 flog der UH-1 Y erstmals. Er ist der zweimotorige Nachfolger des UH-1 N mit Systemen zum Selbstschutz und einer neuen Generation von Avionik. Durch erheblich stärkere General Electric T700-GE-401 Triebwerke und einen Vierblattrotor wurde die Zuladung von 1460 kg auf 3020 kg mehr als verdoppelt und die Höchstgeschwindigkeit um fast ein Drittel auf knapp 300 km/h erhöht.

Der UH-1 Y hat mit den ersten Hueys aus den 60er-Jahren nur noch die Grundform gemeinsam. Die US Marines haben mit dem »Yankee«-Modell einen hochmodernen, leistungsfähigen und extrem wendigen Allzweckhubschrauber.

Einsatz als Lastenesel und Kranhubschrauber.

Im Anflug auf die Zugspitze.

Ein Rettungstrupp des Lufttransportgeschwaders 61 der Bundeswehr übt mit dem UH-1 D das Bergen von Passagieren aus einer Seilbahngondel.

Bell 206 Jet Ranger / OH-58 Kiowa

Die Entwicklung des Bell 206 geht auf einen Wettbewerb der US Army für einen leichten Beobachtungshubschrauber zurück. Hughes gewann und Bell entwickelte aus seinem ins Rennen geschickten Verlierer OH-4 den zivilen Bell 206 A Jet Ranger (mit Rolls Royce 250C-18-Turbinen), der am 10. Januar 1966 erstmals flog. 1968 wurde der LOH-Wettbewerb erneut ausgeschrieben. Bell nahm mit einem leicht modifizierten Jet Ranger unter der Bezeichnung OH-58 A Kiowa teil und erhielt den Auftrag über 2200 Maschinen. Einige der OH-58 A wurden später mit der militärischen Variante des Rolls Royce 250C-20B und neuer Avionik zu OH-58 C umgerüstet. Im Rahmen des AHIP-Programmes brachte die US Army viele OH-58 A auf OH-58 D-Standard. Sie wurden mit Vierblattrotor, Rolls Royce 250C-30R-

Unter der Bezeichnung OH-58 betreibt die US Army eine große Zahl von Jet Ranger in den verschiedensten Ausführungen. Im Bild die Trainingsversion NTH.

Der Jet Ranger war jahrzehntelang der leichte Standardhubschrauber schlechthin. Durch den starken Wettbewerb von Eurocopter und Robinson sowie die eigene Innovationsschwäche hat Bell aber in der letzten Jahren große Marktanteile abgeben müssen.

Ich seh dich, Du siehst mich nicht: OH-58 D auf Spähtrupp.

Ein OH-58 D bekämpft ein Bodenziel.

Turbine mit 650 WPS Leistung, verbesserter Avionik, Mastvisier und einem besseren Heckrotor ausgestattet. Ab 2009 sollen die OH-58 D durch bis zu 512 ARH-70 A ersetzt werden. Als zivile Varianten erschienen der Jet Ranger II mit Rolls Royce 250C-20- und der Jet Ranger III mit Rolls Royce 250C-20B-Turbinen. Agusta fertigte den Jet Ranger in Lizenz und verkaufte 900 Stück an zivile und militärische Betreiber.

Im März 1993 ging Bell als Sieger aus dem Wettbewerb der US Army für einen NTH (New Training Helicopter) hervor und erhielt den Auftrag über die Lieferung von 152 Jet Rangern unter der Bezeichnung TH-67 Creek. Seit der Auslieferung des ersten Bell 206 am 13.1.1967 wurden 4800 Jet Ranger in den verschiedenen Versionen gebaut.

Bell 206 B Jet Ranger III

Antrieb: 1 Rolls Royce 250C-20B-Turbine mit 420 WPS (313 kW) Leistung
Rotordurchmesser: 10,16 m
Rumpflänge: 9,50 m
Leermasse: 732 kg
max. Abflugmasse: 1519 kg
Geschwindigkeit: Max: 241 km/h, Reise: 203 km/h
Reichweite: 635 km mit Reserve
Platzangebot: 1 Pilot und 4 Passagiere

Bell 206 L Long Ranger / Twin Ranger

Der Long Ranger ist eine Weiterentwicklung des Jet Ranger mit einer um 64 cm verlängerten Kabine, seitlichen Endplatten an der Heckflosse und dem Nodamatic-Dämpfungssystem, das die Schwingungen des Zweiblatt-Hauptrotors erheblich dämpft. Zivile Versionen des am 11. September 1974 erstmals geflogenen Long Ranger sind der Bell 206 L Long Ranger mit Rolls Royce 250C-20B-Turbine (420 WPS), der Bell 206 L Long Ranger II mit Rolls Royce 250C-28B-Turbine (500 WPS) und der Bell 206 L Long Ranger III mit Rolls Royce 250C-30P-Turbine (650 WPS). Seit Anfang 1993 ist der Long Ranger IV erhältlich, der ein verstärktes Getriebe hat und dessen maxi-

Bell 206 L Long Ranger IV

Antrieb: 1 Rolls-Royce 250C-30P-Turbine mit 726 WPS (541 kW) Leistung
Rotordurchmesser: 11,28 m
Rumpflänge: 12,92 m
Leermasse: 1056 kg
max. Abflugmasse: 2064 kg
Geschwindigkeit: Max: 241 km/h, Reise: 217 km/h
Reichweite: 708 km ohne Reserve
Platzangebot: 1 Pilot und 6 Passagiere

Der Long Ranger ist ein beliebter Hubschrauber für Ambulanz- und Geschäftsreiseflüge.

Der neu konzipierte Bell 206 L-3 ST Twin Ranger ist seit 1994 erhältlich. Er verbindet die Zweimotoren-Sicherheit bei Start und Landung mit der Einmotoren-Wirtschaftlichkeit im Reiseflug.

Texas Ranger, bewaffnet mit Panzerabwehr-Lenkraketen.

male Abflugmasse von 1882 kg auf 2018 kg angehoben wurde. Die kalifornische Firma Gemini hat einen Long Ranger mit einer neuen Betriebskonzeption entwickelt: Die Maschine erhielt zwei Turbinen, wobei das Getriebe darauf ausgelegt wurde, daß nur eine davon im Dauerbetrieb benötigt wird. So wird die Zweimotoren-Sicherheit bei der kritischen Start- und Landephase mit der Einmotoren-Wirtschaftlichkeit im Reiseflug verknüpft. 1980 wurde eine bewaffnete Version als Texas Ranger vorgestellt, die jedoch nicht verkauft werden konnte. Insgesamt wurden bisher über 1700 Long Ranger gebaut.

Bell 209 / AH-1 Huey Cobra

Mit dem Bell 209 gewann Bell die Ausschreibung der US Army für einen Unterstützungshubschrauber. Die Erfahrung mit den beiden bewaffneten Hubschraubern 204 Warrior und 207 Sioux Scout sowie die Verwendung eines Großteils von Bauteilen aus der UH-1 Serie gaben den Ausschlag für den Erstauftrag über 110 AH-1 G, der 1966 erteilt wurde. Der AH-1 G und die Panzerabwehrversion AH-1 Q werden von einer auf 1100 WPS gedrosselten Lycoming T53-L-13-Turbine angetrieben, während die Version AH-1 J für das US Marine Corps eine Twin Pac-Doppelturbine mit 1800 WPS auf Touren bringt. Die Serienfertigung des AH-1 G endete mit der Einführung der Versionen AH-1 R und AH-1 S. Beide wurden von T53-L-703-Turbinen (1800 WPS) angetrieben und unterscheiden sich optisch durch eine eckige Cockpithaube von früheren Modellen. Aus dem AH-1

Bell AH-1 Z

Antrieb: 2 General Electric T-700-GE-401C-Turbinen mit je 1725 WPS (1286 kW) Leistung
Rotordurchmesser: 14,63 m
Rumpflänge: 13,87 m
Leermasse: 5591 kg
max. Abflugmasse: 8409 kg
Geschwindigkeit: Max: 287 km/h, Reise: 248 km/h
Reichweite: 765 km mit Reserve
Platzangebot: 2 Besatzung

T für die Marines, der ein 2050 WPS leistendes Twin Pac-Triebwerk mit Bauteilen aus dem Bell 214 verbindet,

Die Leistung des AH-1 wurde im Laufe seiner Entwicklung erheblich gesteigert. Die neueste Ausführung AH-1Z hat die mehr als dreifache Triebwerksleistung des Anfangsmodells AH-1 G. Im Bild eine Maschine des Marine Corps; im Hintergrund das Mutterschiff, ein Hubschrauberträger.

Mit dem AH-1 Z machen die US Marines einen weiteren Quantensprung gegenüber dem Vorgänger AH-1 W. Der Vierblattrotor in Verbindung mit leistungsstarken Triebwerken und modernster Avionik machen den AH-1 Z zu einem gefürchteten Waffensystem.

wurde der AH-1W (früher AH-1+Super-Cobra) entwickelt, den sich ebenfalls die Marines beschafften. Mit zwei General Electric T700-GE-401 ist er das stärkste und am schwersten bewaffnete Glied der Familie. Im Dezember 2000 flog der AH-1 Z erstmals, der einen Vierblattrotor auf die leistungsstarke AH-1 W-Basis aufsetzt. Damit wird der Kampfhubschrauber erheblich wendiger, seine Nutzlast wird fast verdoppelt und durch weitgehende Übereinstimmungen der Komponenten mit dem UH-1 Y werden die Wartungskosten erheblich gesenkt. Die Einführung des mit hochmoderner Avionik ausgestatteten AH-1Z wird ab Ende 2009 beginnen.

Beim Bekämpfen von Bodenzielen mit ungelenkten Raketen in der Wüste. Der vorne sitzende Bordschütze richtet an.

Bell 210

Durch Verwendung einer generalüberholten Zelle, die mit neuen dynamischen Komponenten ausgestattet wird, kann der Bell 210 zu einem Neupreis angeboten werden, der bei nur ca. 60% des Preises eines vergleichbaren neuen Hubschraubers liegt.

Mit dem Bell 210 hat Bell ein neues Konzept erfunden, um eine weitere Nutzung für die ausgemusterten Hubschrauber seiner erfolgreichen UH-1 Hubschrauberserie überhaupt zu finden. Beim Bell 210 wird die Zelle eines UH-1H komplett überholt und mit einem neuen Heckausleger, Haupt- und Heckrotorsystem des Bell 212 sowie einem komplett neuen Triebwerk und Getriebe ausgerüstet. Dadurch kostet der Bell 210 mit 3 Millionen US$ (2006) nur ca. 60% eines vergleichbaren neuen Produktes und hat somit unschlagbar niedere Betriebskosten. Das ist vor allem für Behörden und staatliche Institutionen wichtig, die sich aus öffentlichen Geldern finanzieren und sich damit größeres Gerät leisten können als bisher. Zudem gelingt es Bell damit, den militärisch zugelassenen UH-1H, für den keine normale zivile Zulassung möglich ist, in ein ‚normales' ziviles Produkt umzuwandeln. Der Bell 210 hatte am 18.12.2004 seinen Erstflug und erhielt bereits im Juli 2005 seine Zulassung. Bell bewarb sich mit dem Bell 210 auch auf das über 3 Milliarden US$ schwere LUH (Light Utility Helicopter)-Programm, das aus Kostengründen ein bereits bestehendes, ziviles Produkt forderte. Bell war aufgrund der über 40-jährigen Lieferbeziehung zur US Army und den guten Erfahrungen mit der UH-1-Reihe sehr zuversichtlich, dass man für die Lieferung von 322 neuen Maschinen ausgewählt wird. Insofern kam es nicht nur für Bell sehr überraschend, dass gerade ein europäisches Unternehmen, nämlich Eurocopter mit der militärischen Version des EC 145 den langjährigen Auftrag gewinnen konnte.

Bell 210

Antrieb: 1 Honeywell T53-17B-Turbine mit 1800 WPS (1342 kW) Leistung
Rotordurchmesser: 14,69 m
Rumpflänge: 13,13 m
Leermasse: 2552 kg
max. Abflugmasse: 5080 kg
Geschwindigkeit: Max: 241 km/h, Reise: 190 km/h
Reichweite: 703 km ohne Reserve
Platzangebot: 1 Pilot und 14 Passagiere

Bell 212

Noch immer wird der Bell 212 in Kanada eingesetzt, um größere Gruppen von Skifahrern zum Heliskiing auf die Berge zu bringen.

Schon am 29. April 1965 flog versuchsweise ein UH-1 D mit zwei Turbinen. Dabei handelte es sich noch um eine von Bell finanzierte Entwicklung, die den Bedarf einiger Kunden nach Zweimotorensicherheit erfüllen sollte. Da zwei Einzelturbinen jedoch zu groß waren, entwickelte Pratt & Whitney of Canada eine »Twin Pac« genannte Zwillingsturbine, die aus zwei zusammengesetzten PT6-Turbinen bestand. Die Modifizierung eines 205er-Rumpfes mit dieser kompakten Turbineneinheit brachte dann den gewünschten Erfolg: Sowohl die kanadischen als auch die amerikanischen Streitkräfte bestellten den Bell 212 als CH-135 bzw. UH-1 N. Die Zivilversion, die den Zusatz Twin Two-Twelve erhielt, entwickelte sich aufgrund der durch zwei Turbinen gewonnenen Sicherheit zum beliebten Versorgungshubschrauber für Bohrinseln und Schiffe. Agusta fertigte den Bell 212 in Lizenz und verkaufte ihn an verschiedene zivile wie militärische Betreiber. Eine Eigenentwicklung stellt der Agusta Bell 212 ASW dar, der den Bell 204 AS der italienischen Marine ersetzte. Er kann zur Schiffs- und U-Boot-Bekämpfung sowie als SAR-Hubschrauber eingesetzt werden. Zur Erleichterung des Sonareinsatzes ist eine automatische Hover-Einrichtung vorhanden, die selbständig eine vorgegebene Schwebeposition hält.

Bell 212

Antrieb: 1 Pratt & Whitney PT6T-3 Turbo Twin Pac mit 1290 WPS (962 kW) Leistung
Rotordurchmesser: 14,69 m
Rumpflänge: 12,92 m
Leermasse: 2787 kg
max. Abflugmasse: 5080 kg
Geschwindigkeit: Max: 233 km/h, Reise: 180 km/h
Reichweite: 475 km mit Reserve
Platzangebot: 1 Pilot und 14 Passagiere

Bell 214

Bell 214 B1 Big Lifter

Antrieb: 1 Honeywell T5508D-Turbine mit 2930 WPS (2185 kW) Leistung
Rotordurchmesser: 15,24 m
Rumpflänge: 14,37 m
Leermasse: 3428 kg
max. Abflugmasse: 7256 kg
Geschwindigkeit: Max: 305 km/h, Reise: 246 km/h
Reichweite: 288 km mit Reserve
Platzangebot: 2 Piloten und 14 Passagiere

Aufgrund von Anfragen nach einer unter hot and high-Bedingungen leistungsfähigen Version des Huey experimentierte Bell mit dynamischen Komponenten des Cobra und verschiedenen stärkeren Triebwerken. Der Prototyp Bell 214 Huey Plus wurde noch von einem 1900 WPS leistenden Honeywell T53-Triebwerk angetrieben, während der erste Bell 214 A eine 2850 WPS starke Honeywell T55-Turbine erhielt. Nach der Demonstration dieser Maschine erteilte der Iran einen Auftrag über 293 Bell 214 A und 39 SAR-Maschinen unter der Bezeichnung Bell 214 C, die die Perser Isfahan tauften. Die Serienmaschinen stellten mit ihrer 2930 WPS starken Variante der Honeywell T55-Turbine mehrere Weltrekorde auf. 400 weitere Bell 214 hätten von der iranischen Industrie in Lizenz gebaut werden sollen. Durch den Sturz des Schahs kam es jedoch nicht mehr dazu.

Die zivile Variante des Bell 214 A ist der Bell 214 B Big Lifter. Er weist die mehr als dreifache Leistung des ersten UH-1 auf und kann eine Außenlast befördern, die einem voll beladenen Bell 204 entspricht. Damit eignet er sich besonders für Außenlastflüge in extremen Klimazonen. So standen Bell 214 B Big Lifter in Norwegen und der Schweiz, aber auch in einigen asiatischen Ländern im Einsatz.

Der Bell 214 B Big Lifter ist das stärkste einmotorige Modell der UH-1-Familie. Aufgrund seiner hervorragenden Leistungen wird er oft für Außenlasttransporte eingesetzt, wie hier am St. Bernhard in der Schweiz.

Bell 214 ST

Nachdem Bell mit seinem Modell 214 eine neue Gewichtsklasse eröffnet hatte, wollte das Unternehmen zusammen mit iranischen Partnern eine vergrösserte Version mit zwei Triebwerken entwickeln. Der Prototyp dieser Maschine Bell 214 ST (Stretched Twin) hatte am 21. Juli 1979 seinen Erstflug. Durch den Sturz des Schahs wurde die gemeinsame Arbeit zwar abgebrochen, doch Bell entwickelte den Bell 214 ST (ST = Super Transport) mit eigenen finanziellen Mitteln weiter. Die zweiturbinige Auslegung mit einer Transportkapazität von 18 Passagieren und die IFR-Tauglichkeit machten den Bell 214 ST zum optimalen Fluggerät für militärische Zwecke. So bestellten die Streitkräfte Venezuelas, Perus und Thailands einige Maschinen. Als »Zivilist« bewährte sich der Bell 214 ST besonders bei der Versorgung von Erdölplattformen und bei Einsätzen in hochgelegenen und heißen Gebieten. So betrieb die chinesische Luftfahrtbehörde vier, Aramco in Saudi-Arabien drei, der norwegische Helikopter-Service eine und Bristow-Helicopters in Schottland drei Maschinen für den Offshore-Einsatz. Der Polizei des Sultanats Oman helfen sechs Bell 214 ST bei der Aufrechterhaltung von Recht und Ordnung, und auch in Japan, Neuseeland, den USA und Australien fliegen einige.

Bell 214 ST

Antrieb: 2 General Electric CT7-2A-Turbinen mit je 1625 WPS (1212 kW) Leistung
Rotordurchmesser: 15,85 m
Rumpflänge: 15,02 m
Leermasse: 4300 kg
max. Abflugmasse: 7936 kg
Geschwindigkeit: Max: 300 km/h, Reise: 269 km/h
Reichweite: 850 km mit Reserve
Platzangebot: 2 Piloten und 18 Passagiere

Die Maschine »Loch Roag« des schottischen Bohrinsel-Versorgers British Caledonian Helicopters beim Start in Aberdeen. Der 214 ST ist der größte Hubschrauber von Bell.

Bell 222 / 230

Mit dem Bell 222 konzipierte Bell den ersten leichten Zweiturbinen-Hubschrauber der USA, der ausschließlich auf den Zivilmarkt zugeschnitten war. Er stand damit in direkter Konkurrenz zum Dauphin und BK 117. Bell wollte möglichst kundennah produzieren und brachte deshalb schon während der Entstehung des Prototypen Anregungen potentieller Kunden ein. Die Schwingungen des Zweiblatt-Rotors auf die Kabine dämpft das sogenannte Nodamatic-System. Die Zulassung für den Einpiloten-IFR-Betrieb wurde vorgesehen. Entsprechend erhielt Bell eine Vielzahl von Bestellungen. Der Bell 222 A mit Honeywell LTS 101-650-C2-Turbinen zu je 650 WPS war in der Standardausführung, der Executive-Ausführung mit Platz für fünf Passagiere und in der Offshore-Ausführung mit aufblasbaren Schwimmern und Zusatztanks erhältlich. Der Bell 222 B erschien mit vergrößertem Hauptrotor, LTS-101-750C1-Turbinen zu je 684 WPS sowie einer von 3470 kg auf 3700 kg erhöhten Abflugmasse. Er war als Bell 222 UT auch mit Kufen erhältlich. Fremdfirmen rüsteten den Bell 222 mit Rolls Royce 250C-30G-Turbinen nach, um die Leistung zu steigern. Bell entwickelte daraufhin den Bell 230, der am 12. August 1991 zum Erstflug startete. Mit der Entwicklung des Bell 430 wurde diese Baureihe, nicht zuletzt wegen des sehr lauten Zweiblattrotors, eingestellt.

Bell 230

Antrieb: 2 Rolls-Royce 250C-30G-Turbinen mit je 700 WPS (522 kW) Leistung
Rotordurchmesser: 12,80 m
Rumpflänge: 12,97 m
Leermasse: 2245 kg
max. Abflugmasse: 3810 kg
Geschwindigkeit: Max: 270 km/h, Reise: 252 km/h
Reichweite: 780 km mit Reserve
Platzangebot: 1 Pilot und 9 Passagiere

Vor allem im Geschäftsreise- und im Rettungsdienst hatte der Bell 222 / 230 einen festen Kundenstamm.

Bell 406 Combat Scout

Der Bell 406 CS (Combat Scout = Kampf-Späher) ist die bewaffnete und weiterentwickelte Exportausführung des OH-58 D. Allergrößten Wert legte Bell dabei auf die schnelle Verladbarkeit in Transportflugzeuge und auf größtmögliche Flexibilität bei den Waffensystemen. So erhielt der Bell 406 CS faltbare Rotorblätter, eine klappbare Heckflosse und ein absenkbares Kufenlandegestell. Dank dieser Maßnahmen lassen sich zwei Bell 406 CS in einem C-130-Transportflugzeug unterbringen. Zum Verladen brauchen vier Personen lediglich neun Minuten. Nach dem Entladen dauert das Entfalten der Blätter sechs Minuten, das Aufrichten der Heckflosse und des Stabilisators drei Minuten und das Aufstellen des Landegestells eine Minute. Als Bewaffnung lassen sich Maschinenwaffen, 70 mm-, TOW- oder Stinger-Raketen anbringen. Außerdem kann jedes mastmontierte Infrarot- und Videosicht- oder Lasersteuerungsgerät verwendet werden. Saudi Arabien bestellte 15 Bell 406 CS, die ab 1990 ausgeliefert wurden.

Bell 406 CS

Antrieb: 1 Rolls Royce 250-C30L-Turbine mit 650 WPS (485 kW) Leistung
Rotordurchmesser: 10,67 m
Rumpflänge: 10,31 m
Leermasse: 1028 kg
max. Abflugmasse: 2041 kg
Geschwindigkeit: Max: 240 km/h, Reise: 222 km/h
Reichweite: 402 km mit Reserve
Platzangebot: 1 Pilot und 4 Passagiere

Der erste Bell 406 CS für die Streitkräfte Saudi-Arabiens bei der Vorführung in Arlington, Texas. Der Öl-Staat beschaffte insgesamt 15 Combat Scout.

Bell 407

Bell 407

Antrieb: 1 Rolls Royce 250C-47B-Turbine mit 813 WPS (606 kW) Leistung
Rotordurchmesser: 10,70 m
Rumpflänge: 12,70 m
Leermasse: 1178 kg
max. Abflugmasse: 2495 kg
Geschwindigkeit: Max: 259 km/h, Reise: 237 km/h
Reichweite: 665 km ohne Reserve
Platzangebot: 1 Pilot und 6 Passagiere

Im Jahre 1994 kündigte Bell im Rahmen strategischer Erörterungen für das 21. Jahrhundert die Entwicklung eines leichten Zweiturbinenhubschraubers an. Auf der Heli-Expo 1995 in Las Vegas präsentierte der Konzern in Folge sein Projekt Bell 407, das sowohl mit einer wie auch mit zwei Turbinen (Bell 407 T) erhältlich sein sollte. Noch am Tag der Vorstellung wurden 40 Bestellungen aufgenommen. Bei der Zulassung des Bell 407 am 9. Februar 1996 auf der Heli-Expo lagen bereits 160 Bestellungen vor. Bell-Präsident Webb Joiner verkündete bei diesem Anlaß, daß das Projekt des zweimotorigen Bell 407 T zugunsten des Bell 427 eingestellt worden sei. Verglichen mit dem Bell 206 L

Der Bell 407 ist ein Kraftpaket und setzt sich wegen des größeren Innenraums immer mehr gegen den Long Ranger durch.

Long Ranger zeigt der Bell 407 einen um 18 cm verbreiterten Rumpf, einen lagerlosen Bell 680-Vierblattrotor und ein ähnliches Hauptgetriebe wie der OH-58 D. Der Vierblattrotor ist nicht nur leiser, er macht die Maschine auch erheblich wendiger. Bell geht davon aus, daß das Muster einen anderen Kundenkreis als der Long Ranger anspricht und er deshalb noch lange Zeit parallel zur Bell 206 L Long Ranger Familie gebaut werden wird. 2005 vergab die US Army an Bell den Auftrag zur Entwicklung und Lieferung von bis zu 512 ARH-70A (ARH=bewaffneter Aufklärungshubschrauber) als Ersatz für den OH-58 D. Er startete im Juli 2006 zum Erstflug, die Integration des Honeywell HTS 900-Triebwerks machte jedoch massive Probleme, so dass das Pentagon das Programm kurzfristig stoppte. 2006 wurde das zivile Projekt Bell 417, ein Bell 407 mit dem Triebwerk des ARH vorgestellt, doch dieses Projekt wurde schon ein Jahr später aufgrund der technischen Schwierigkeiten im ARH-Programm wieder eingestellt.

Der ARH stellt Bell vor große Entwicklungsprobleme und soll ab 2008 den OH-58 bei der US Army ablösen.

Bell 412

Mit dem Bell 412 wandte sich Bell zum ersten Mal bei einer Serienproduktion vom legendären Zweiblatt-Hauptrotor ab. Stichhaltige Gründe für diese Vorgehensweise lieferten vor allem die niederfrequenten Schwingungen des Zweiblatt-Rotors, die im Innenraum als sehr unangenehm empfunden werden. Außerdem verursachen die beiden sehr breiten Rotorblätter jenes ohrenbetäubende und unverwechselbare Geräusch, das von den Maschinen der UH-1-Serie bekannt ist. Da Bell mit dem 412 vor allem auf den Offshore-Markt zielte, erhielt das Muster den Rumpf des bewährten, zweimotorigen Bell 212. Neu hinzu kamen ein 1308 WPS starkes Pratt & Whitney PT6T-3B-Triebwerk und der Vierblattrotor.

1985 wurde der Bell 412 als Bell 412 SP (Special Performance) mit einem 1800 WPS starken Twin Pac leistungsgesteigert. Eine weitere Leistungssteigerung wurde im Bell 412 HP (High Performance) durch die Verwendung eines stärkeren Getriebes erzielt. Der Bell 412 HP wurde ab Februar 1991 ausgeliefert. Die aktuelle Produktionsversion ist der Bell 412 EP (Enhanced Performance) mit verbesserter Triebwerkssteuerung. Agusta übernahm die Lizenzproduktion und verkaufte den AB 412 als Griffon an verschiedene Streitkräfte. Der Bell 412 wird auch bei der indonesischen Firma Nurtanio in Lizenz gebaut.

Die Feuerwehr des Bezirkes von Los Angeles hat mehrere Bell 412 im Einsatz, mit denen sie Rettungseinsätze fliegt, die aber mit ihren Wassertanks auch zur Waldbrandbekämpfung eingesetzt werden.

Bell 412 EP

Antrieb: 1 Pratt & Whitney PT6T-3D Twin Pac mit 1800 WPS (1342 kW) Leistung
Rotordurchmesser: 14,02 m
Rumpflänge: 13,98 m
Leermasse: 3099 kg
max. Abflugmasse: 5398 kg
Geschwindigkeit: Max: 260 km/h, Reise: 243 km/h
Reichweite: 784 km mit Reserve
Platzangebot: 1 Pilot und 14 Passagiere

Bell 427

Bell 427

Antrieb: 2 Pratt & Whitney of Canada PW 207D-Turbinen mit je 710 WPS (529 kW) Leistung
Rotordurchmesser: 11,28 m
Rumpflänge: 11,13 m
Leermasse: 1760 kg
max. Abflugmasse: 2971 kg
Geschwindigkeit: Max: 278 km/h, Reise: 243 km/h
Reichweite: 741 km ohne Reserve
Platzangebot: 1 Pilot und 7 Passagiere

Der Bell 427 ist eine gemeinsame Entwicklung von Bell Helicopter und dem koreanischen Luftfahrtgiganten Samsung Aerospace Ltd. Als Grundlage dient der Bell 407, wobei auf der Heli-Expo 1996 bekanntgegeben wurde, daß die ursprüngliche Absicht, den zweimotorigen Bell 407 T zu entwickeln, zugunsten des Bell 427 aufgegeben wurde. Der Bell 427 hat einen 33 cm längeren Rumpf als der Bell 407 und bietet sieben Passagieren Platz. Wahlweise werden zwei nach vorne gerichtete Sitzreihen für je drei Passagiere oder eine Club-Bestuhlung für vier Personen angeboten. Die Rettungsversion kann zwei Tragen und die dazugehörigen Rettungssanitäter aufnehmen. Grundlage für die Zusammenarbeit mit Samsung ist die langjährige Erfahrung der Südkoreaner im Bau von Bell 212- und Bell 412-Heckauslegern. Bell verspricht sich außerdem eine Teilung der ca. 100 Mio. US-$ Entwicklungskosten und eine günstigere Produktion. Der Bell 427 erhielt ein völlig neues Getriebe, das im Werk Fort Worth produziert wird. Samsung ist für die Kabine und den Heckausleger sowie für die Endmontage der für China und Korea bestimmten Maschinen zuständig. Der Erstflug fand im Dezember 1997 statt, die Zulassung erfolgte im Januar 2000. Aufgrund von Schwierigkeiten bei der IFR-Zulassung wurden jedoch erst etwas mehr als 50 Bell 427 ausgeliefert.

Der Bell 427 ist aufgrund seiner guten Leistungen vor allem in Südamerika und Asien als Geschäftsreisehubschrauber beliebt.

Bell 429

Der Bell 429 ist das erste Produkt, das Bell nicht nur angekündigt, sondern auch entwickelt hat, nachdem im Februar 2005 das Bell-Zukunftsprogramm MAPL (Modular Affordable Product Line) präsentiert wurde. Bell hat sich mit MAPL zum Ziel gesetzt, bessere Rotorblattformen zu entwickeln und zukünftige Hubschrauber schneller, leiser und pilotenfreundlicher zu gestalten. Ursprünglich sollte das Marktsegment des Bell 429 mit dem Bell 427 in der IFR-zugelassenen Variante Bell 427i abgedeckt werden. Das Interesse am Bell 427i war aber nicht sehr groß, da die Nutzlast nach Integration der IFR-Ausrüstung nur noch gering war. Bell strich deshalb das Projekt und entwickelte in Zusammenarbeit mit Korea Aerospace Industries und der japanischen Mitsui Bussan Aerospace den Bell 429 mit neuem Rotorsystem, Autopilot, neuer Hydraulik und Glascockpit. Die verbesserten Kunststoff-Rotorblätter, deren Drehzahl im Flug angepasst wird und der X-förmige Heckrotor sollen nun auch Bell-Hubschrauber geräuschärmer machen. Der große, offene Innenraum ermöglicht eine Nutzung als Rettungshubschrauber, so dass Bell mit dem Bell 429 nun mit den technischen Innovationen seiner Wettbewerber mitzieht. Im Juli 2006 lagen schon 213 Bestellungen für den Bell 429 vor und nachdem der Erstflug am 26.2.2007 am kanadischen Bell-Standort Mirabel absolviert wurde, wird die Zulassung für das Jahr 2008 erwartet.

Mit dem Bell 429 versucht Bell mit neuesten Technologien, wieder den Anschluss an die Wettbewerber zu finden.

Bell 429

Antrieb: 2 Pratt & Whitney PW 207B-Turbinen mit je 710 WPS (529 kW) Leistung
Rotordurchmesser: 10,97 m
Rumpflänge: 11,64 m
Leermasse: 1950 kg
max. Abflugmasse: 3175 kg
Geschwindigkeit: Max: 287 km/h, Reise: 250 km/h
Reichweite: 648 km ohne Reserve
Platzangebot: 1 Pilot und 8 Passagiere

Bell 430

Der Erfolg des Bell 230 war von Anfang an durch den Zweiblattrotor mit dem unangenehmen Schwingungsverhalten im Innenraum, dem lauten Fluggeräusch und der schlechten Wendigkeit beeinträchtigt. Vor allem der Einsatz als Rettungshubschrauber wurde dadurch stark eingeschränkt. Um den Bell 230 als Rettungs- und Geschäftsreisehubschrauber attraktiver zu machen, wurde aus ihm der Bell 430 mit einem um 46 cm verlängerten Rumpf und dem lagerlosen Bell 680-Vierblattrotor entwickelt. Die Verlängerung der Kabine brachte ein um 20 % vergrößertes Kabinenvolumen, wodurch bis zu neun Passagiere oder zwei Tragen mit der entsprechenden medizinischen Crew transportiert werden können. Um den Bell 430 auch für den Ein-Piloten-IFR-Betrieb zuzulassen, wurde das Cockpit mit modernsten Flüssigkristall-Multifunktions-Displays und neuester Avionik ausgestattet. Dadurch konnte das Instrumentenbrett verkleinert und die Belastung für den Piloten reduziert werden. Der offizielle Erstflug des Bell 430 fand am 17. November 1994 und die ersten Auslieferungen Mitte 1996 statt. Der Bell 430 ist wahlweise mit einziehbarem Fahrwerk oder Kufenlandegestell erhältlich. Im Rahmen eines Verkaufsförderungsprogrammes konnten gebrauchte Bell 230 gegen neue Bell 430 umgetauscht werden – natürlich mit Aufpreis.

Bell 430

Antrieb: 2 Rolls Royce 250C-40-Turbinen mit je 808 WPS (603 kW) Leistung
Rotordurchmesser: 12,80 m
Rumpflänge: 13,44 m
Leermasse: 2352 kg
max. Abflugmasse: 4082 kg
Geschwindigkeit: Max: 271 km/h, Reise: 242 km/h
Reichweite: 565 km ohne Reserve
Platzangebot: 2 Piloten und 8 Passagiere

Der mit mehreren stabilisierten Kamerasystemen ausgerüstete Bell 430 des japanischen Fernsehsenders Yomiuri TV.

Bell / Agusta Westland 609

Als Boeing 1998 das Entwicklungsprogramm des ersten zivilen Serien-Tiltrotors verließ, mußte Bell nach Möglichkeiten suchen, das finanzielle Risiko der Entwicklung zu minimieren. Da das europäische Tiltrotorprojekt Eurofar nicht konkret war, übernahm Agusta Westland Boeings 40%igen Anteil und entwickelt nun gemeinsam mit Bell (60%) das ehrgeizige Projekt. Das Risiko ist allerdings begrenzt, da schon Mitte 2000 70 feste Bestellungen für den damals schon 10-12 Millionen US$ teuren Tiltrotor vorlagen. Da der BA 609 die Senkrechtstart und -landeeigenschaften eines Hubschraubers mit der Reisegeschwindigkeit eines Turbopropflugzeuges verbindet, kommen diese Bestellungen vor allem aus dem Geschäftsreisebereich, von SAR-Diensten sowie dem Zubringerverkehr zu abgelegenen Bohrinseln. Auch besteht ein großes militärisches Interesse an dem HV 609 genannten Modell für den Einsatz als SAR-Maschine, als günstiger Trainer für den V-22 und für Sondereinsatzkräfte. Die Integration des neuen Partners Agusta Westland und technische Probleme haben das Programm deutlich verzögert, so daß der für Ende 2000 geplante Erstflug erst am 7.März 2003 stattfand. Die Zulassung wird für das Jahr 2011 angestrebt.

Bell/Agusta BA 609

Antrieb: 2 Pratt & Whitney PT6C-67A-Turbinen mit je 1940 WPS (1447 kW) Leistung
Rotordurchmesser: je 7,92 m
Rumpflänge: 13,41 m
Leermasse: 5136 kg
max. Abflugmasse: 7636 kg
Geschwindigkeit: Max: 545 km/h, Reise: 510 km/h
Reichweite: 1389 km ohne Reserve
Platzangebot: 2 Piloten und 9 Passagiere

Bell und Agusta Westland erwarten einen Bedarf von 1000 BA 609 in den nächsten 20 Jahren. Firmenkunden, so die Werbung, brauchen statt Flugzeug und Hubschrauber nur noch einen Tiltrotor.

Bell / Boeing V-22 Osprey

Bell/Boeing V-22 B Osprey

Antrieb: 2 Rolls Royce AE 1107C-Turbinen mit je 6150 WPS (4586 kW) Leistung
Rotordurchmesser: 11,58 m
Rumpflänge: 17,48 m
Leermasse: 15032 kg
max. Abflugmasse: 23495 kg
Geschwindigkeit: Max: 583 km/h, Reise: 509 km/h
Reichweite: 1182 km mit Reserve
Platzangebot: 3 Besatzung und 25 Passagiere

Ein Prototyp Bell/Boeing V-22 Osprey landet auf einem Flugzeugträger. Der Osprey wird seit 1999 als erstes Kipprotorflugzeug der Welt in Serie gefertigt. Erst im Dezember 1994 beschloß der amerikanische Kongress die Beschaffung.

Mit dem Bell/Boeing V-22 Osprey (Osprey = Fischadler) soll das erste Kipprotorflugzeug der Welt in Serie gefertigt und dann in den Truppendienst gestellt werden.

Die Firmen Bell und Boeing erhielten 1983 den Auftrag, auf Grundlage der Erkenntnisse aus dem Projekt Bell 301 ein sogenanntes JVX (Joint Services Advanced Vertical Lift Aircraft) zu entwickeln. Vor allem die

Marineinfanterie (US Marine Corps) meldete einen Bedarf von 425 MV-22 an, die ihre ergrauten Transporter CH-46 und CH-53 ablösen sollten. Das Heer bestellt 231 MV-22 für Zwecke der elektronischen Kriegsführung, als Rettungs- und Kampfunterstützungs-Hubschrauber. Die Marine schloß sich mit 48 HV-22 für SAR-Einsätze als Ersatz für HH-3-Hubschrauber; die Luftwaffe mit 50 CV-22 für Rettungs- und für weitreichende Spezialeinsätze an. Alle vier Teilstreitkräfte legten besonderen Wert auf die Fähigkeit des Typs, selbständig in alle Ecken der Welt verlegen zu können, was eine große Reichweite und die Möglichkeit zur Luftbetankung voraussetzt. Für die Unterbringung auf Schiffsdecks können die Rotoren gefaltet und die Tragflächen beigeklappt werden.

Am 19. März 1989 flog der V-22 erstmals, wobei das Testprogramm durch finanzielle Turbulenzen und den Absturz des fünften Prototyps aufgrund eines Kabelfehlers in die Länge gezogen wurde. Nachdem Ende 1994 die endgültige Produktionsentscheidung gefällt wurde, wurde 1999 der erste V-22 B ausgeliefert. Erst im September 2007 wurden dann die ersten MV-22 B in den Irak in den aktiven Truppeneinsatz entsandt.

Ein V-22 Osprey fliegt eine Zapfstelle an. Auf die Möglichkeit zur Luftbetankung legten alle vier US-Teilstreitkräfte allergrößten Wert - der Osprey soll ja ohne Zwischenlandungen an alle Punkte der Welt verlegen können.

Boeing AH-64 Apache

Der AH-64 Apache gewann 1973 den Vergleich mit dem Bell YAH-63 Cobra beim Wettbewerb des US-Heeres für einen allwetter- und nachtflugtauglichen Kampfhubschrauber. Der Apache soll selbst 23 mm-Geschosse vertragen und feindlichen (Lenk-) Waffen mit Abgaskühlung, Radar/Laserwarnung und Täuschkörperwerfer begegnen können. Die Zelle ist bruchsicher ausgelegt und das Fahrwerk hält hohe Landegeschwindigkeiten aus. Von der Standardversion AH-64 A beschaffte die US Army 827 Stück. Es war geplant, 254 Stück auf AH-64 B-Standard zu bringen, wobei kleine, im Golfkrieg erkannte Verbesserungen in der Elektronik und Avionik vorgenommen werden sollten. 308 AH-64 A sollten mit verbesserten Zieleinrichtungen, erweiterter Avionik und Vor-

Boeing AH-64 D Longbow Apache

Antrieb: 2 General Electric T700-GE-701C-Turbinen mit je 1940 WPS (1447 kW) Leistung
Rotordurchmesser: 14,63 m
Rumpflänge: 15,47 m
Leermasse: 5352 kg
max. Abflugmasse: 10107 kg
Geschwindigkeit: Max: 293 km/h, Reise: 261 km/h
Reichweite: 407 km mit Reserve
Platzangebot: 2 Besatzung

Apache auf dem Kriegspfad. Der wendige Krieger packt sich bis zu 16 lasergelenkte Hellfire-Panzerabwehrraketen (AH-64 D) oder 76 ungelenkte 70 mm-Raketen unter die Stummelfittiche. Als Defensivwaffen kann er Fliegerabwehrraketen wie Sidewinder, Stinger oder Mistral mitführen. Nicht zu vergessen die 30 mm-Kanone zur Bekämpfung von Bodenzielen.

Ein Apache in Deckung.

bereitungen für den schnellen Anbau des Longbow-Radars zum AH-64 C umgerüstet werden. Insgesamt 501 Stück sollten bis 2006 als AH-64 D bereits den mastmontierten Longbow-Millimeterwellenradar (und zwei je 1940 WPS leistende T700-GE-701C-Turbinen) erhalten und alle restlichen zur C-Version umgerüstet werden. Weitere Verbesserungen werden in die laufenden Umbauten eingebracht. Die US Army, Ägypten, England, Griechenland, Israel, Japan Kuwait, die Niederlande und Singapur haben insgesamt 759 AH-64 D im Einsatz bzw. bestellt. Auch Saudi-Arabien und die Vereinigten Arabischen Emirate sind an einer Modernisierung ihrer Flotte auf den D-Standard interessiert.

Der Bildschirm-Arbeitsplatz des Piloten im AH-64 D scheint sehr übersichtlich. Der Schalter CANOPY JETTISON (links) hilft notfalls beim schnellen Verlassen des Cockpits.

Boeing Vertol CH-46 Sea Knight

Der Prototyp des Boeing 107 wurde von Vertol als YHC-1A gebaut, um die Ausschreibung der US Army für einen Transporthubschrauber zu gewinnen (Erstflug: 2. April 1958). Die US Army interessierte sich zwar für den größeren CH-47 Chinook, doch Boeing übernahm 1960 den Hersteller Vertol und der CH-46 A Sea Knight mit seinen 1250 WPS leistenden T58-GE-8B-Turbinen wurde vom US Marine Corps beschafft. Auch die Navy orderte einige UH-46 A, danach das D-Modell des CH/UH-46. Diese hatten zwei T58-GE-10-Triebwerke mit je 1400 WPS Leistung. Der CH/UH-46 F kam mit verbesserter Avionik und das CH/UH-46 E-Umbauprogramm, das nun alle A-Modelle auf E-Standard bringen soll, sieht den Einbau stärkerer Triebwerke und weiter verbesserter Avionik vor. Der Sea Knight fliegt als CH-113 bei der kanadischen und als HKP-4 bei der schwedischen Marine, allerdings mit Rolls-Royce-Gnome-Turbinen. Kawasaki baute den Boeing 107 in Lizenz und verkaufte ihn als KV-107/II an die japanischen Streitkräfte und an Saudi Arabien, wo er als Rettungs- und Feuerbekämpfungshubschrauber eingesetzt wird. Bei Boeing und Vertol wurden insgesamt 669, bei Kawasaki 146 Maschinen gefertigt.

Boeing Vertol CH-46 E Sea Knight

Antrieb: 2 General Electric T58-GE-16-Turbinen mit je 1870 WPS (1394 kW) Leistung
Rotordurchmesser: je 15,54 m
Rumpflänge: 13,92 m
Leermasse: 7048 kg
max. Abflugmasse: 11020 kg
Geschwindigkeit: Max: 265 km/h, Reise: 248 km/h
Reichweite: 676 km mit Reserve
Platzangebot: 2 Besatzung und 25 Soldaten

Mehrere in Lizenz gebaute KV-107 gingen an die Streitkräfte von Japan und Saudi-Arabien, wurden aber schließlich im Zivilschutz eingesetzt.

Für die US Marines ist der in die Tage gekommene CH-46 noch immer eine wichtige Stütze bei Luftlandeoperationen.

Boeing CH-47 Chinook

Der Boeing CH-47 Chinook wurde als Transporthubschrauber entwickelt und flog am 21. September 1961 erstmals. Drei Grundausführungen wurden hergestellt: a) Der CH-47 A mit 2200 WPS leistenden T55-L-5-Turbinen bzw. 2650 WPS leistenden T55-L-7-Turbinen, b) der CH-47 B mit 2850 WPS leistenden T55-L-7C-Turbinen und neuen Rotorblättern sowie c) der CH-47 C mit 3750 WPS leistenden T55-L-11A-Turbinen. Ab 1980 baute Boeing 472 CH-47 A, B und C auf den modernen D-Standard mit stärkerem Getriebe und einem höheren Abfluggewicht um, davon gingen 51 als MH-47 E an Spezialeinheiten für taktische Einsätze. Letztere Ausführung ist mit einer Sonde für Luftbetankung, Nachtsichtbrillen, Multifunktionsdisplays, einer bordinternen Luftumwälzung zum Schutz vor Giftgas, einer Rettungswinde und den 4818 WPS leistenden Honeywell T55-L-714-Turbinen bestens für ihre Aufgaben gerüstet. Aus dem MH-47 E leitete Boeing das Projekt CH-47 F ab, bei dem der Kampfwert von 397 CH-47 D mit mehr Zuladung, stärkeren Turbinen und neuer Avionik weiter gesteigert werden soll. Darüberhinaus erhält die US Army mindestens 55 neue CH-47 F. Die Verbesserungen des CH-47F werden auch für die MH-47 E der Special Forces eingebracht, so dass die US Army dann über 61 MH-47 G verfügt. Ende 2006 gewann Boeing den Auftrag für 141 neue HH-47, die auf Basis des MH-47G ab 2012 für CSAR (Combat-SAR)-Aufgaben eingesetzt werden sollen.

Für den schnellen Transport von Nachschub und Gerät ist der Chinook ein unverzichtbarer Bestandteil der Mobilität der US-Truppen.

45 Jahre nach dem Erstflug des Chinook wurde von der amerikanischen Luftwaffe der Auftrag über die Lieferung von 141 HH-47 auf Basis des MH-47 G als Such- und Rettungshubschrauber unter Kampfbedingungen ab dem Jahr 2012 erteilt.

Boeing CH-47 F Chinook

Antrieb: 2 Honeywell T55-GA-714A-Turbinen mit je 4900 WPS (3654 kW) Leistung
Rotordurchmesser: je 18,29 m
Rumpflänge: 15,55 m
Leermasse: 10615 kg
max. Abflugmasse: 22680 kg
Geschwindigkeit: Max: 314 km/h, Reise: 265 km/h
Reichweite: 426 km mit Reserve
Platzangebot: 3 Besatzung und 33 Passagiere

Brantly B-2 / Brantly 305

Der von Newby O. Brantly entwickelte B-2 hob am 21. Februar 1953 zum Erstflug ab. Die Version B-2 A unterschied sich durch eine vergrößerte Kabine und einen Lycoming-Saugmotor VO-360-A1A mit 180 PS Leistung. Zum Verkaufserfolg wurde allerdings erst der B-2 B, der von der Einspritzversion des im B-2 A verwendeten Lycoming-Motors angetrieben wurde. Eine Besonderheit des B-2 waren die auf ungefähr einem Drittel der Rotorblattlänge angeordneten Schlaggelenke, die bei einer konventionellen Konstruktion am Rotorkopf angebracht sind. Der B-2 E sollte einen gedrosselten 205 PS leistenden Lycoming-Motor erhalten, ging aber nie in Serie.

Einer der zehn neuen B-2, die unter chinesischem Management produziert wurden und in China zur Schulung eingesetzt werden sollen.

Beim Brantly 305 handelt es sich um eine vergrößerte Ausführung des B-2 mit Platz für einen Piloten und vier Passagiere, 305 PS starkem Lycoming IVO-540-A1A und einer maximalen Abflugmasse von 1314 kg.

Brantlys Firma stellte 1970 die Produktion ein, aber die Brantly Hynes Helicopter Inc. nahm sie 1975 wieder auf. Das Unternehmen erzielte jedoch nur wenig Erfolge und verschwand von der Bildfläche – nicht aber der B-2: Ein japanischer Geschäftsmann gründete 1989 die Brantly Helicopter Industries neu. Die Firma nahm die Fertigung des B-2 B wieder auf und hoffte auf Verkäufe nach Japan. Nachdem auch er erfolglos blieb, kaufte die chinesische Regierung die Produktionsrechte und produzierte seit 2000 zehn B-2 B, die in China zur Schulung eingesetzt wurden. Trotz der turbulenten Firmengeschichte wurden über 500 B-2 gebaut, von denen heute noch über 200 fliegen.

Brantly B-2 B

Antrieb: 1 Lycoming IVO-360-A1A-Kolbentriebwerk mit 180 PS (132 kW) Leistung
Rotordurchmesser: 7,24 m
Rumpflänge: 6,62 m
Leermasse: 463 kg
max. Abflugmasse: 757 kg
Geschwindigkeit: Max: 161 km/h, Reise: 145 km/h
Reichweite: 400 km mit Reserve
Platzangebot: 1 Pilot und 1 Passagier

Columbia Vertol 107-II

Als Boeing im Jahr 1960 den Hubschrauberhersteller Vertol kaufte, hatte dieser bereits ein Modell 107-II für zivile Passagiertransporte entwickelt. Boeing Vertol baute nur wenige 107-II, aber als Kawasaki die weltweiten Vermarktungsrechte erhielt, konnten die Japaner fast 100 Maschinen des 1963 lizenzierten Nachbaus absetzen. Am 26.Januar 1962 erhielt er die Zulassung durch die amerikanische Luftfahrtbehörde FAA und die ersten Maschinen wurden schon am 1.Juli 1962, noch zwei Jahre vor der Auslieferung an die US Marines von New York Airways (NYA) im Post- und Passagierverkehr eingesetzt. In einer schallisolierten Kabine konnten 25 Passagiere mit Airline-Konfort zwischen den Flughäfen La Guardia, Newark und Idlewild (jetzt J.F.Kennedy) und der Innenstadt Manhattans pendeln. Zwischen 1965 und 1968 landete NYA auf dem Pan Am-Hochhaus in Mahattan, das den perfekten Dachlandeplatz für einen solchen Shuttleverkehr hatte. In New York wurden insgesamt sieben 107-II inklusive drei durch Kawasaki gebaute KV-107-II betrieben, die von Pan Am gekauft worden waren. 1969 und 1972 kaufte Columbia Helicopters in Oregon dann die sieben Maschinen, die sie für Aussenlastflüge einsetzte. 1976 kaufte Columbia weitere vier Maschinen von der thailändischen Regierung. Eine 107 von NYA mit dem Kennzeichen N6674D ist mit über 65.000 Flugstunden der meistgeflogene Hubschrauber der Welt und ist bei Columbia noch immer im täglichen Einsatz. Am 15.Dezember 2006 kaufte Columbia von Boeing die Typenzulassung für den 107-II.

Columbia Vertol 107-II

Antrieb: 2 General Electric CT58-140-1-Turbinen mit je 1500 WPS (1119 kW) Leistung
Rotordurchmesser: je 15,54 m
Rumpflänge: 13,58 m
Leermasse: 5443 kg
max. Abflugmasse: 9979 kg
Geschwindigkeit: Max: 265 km/h, Reise: 222 km/h
Reichweite: 333 km mit Reserve
Platzangebot: 2 Piloten und 22 Passagiere

Ein Kawasaki KV-107 – der japanische Lizenbau des Boeing 107 – in saudi-arabischen Diensten; hier fliegt er Löscheinsätze.

Ein Boeing Vertol 107 bei Forstarbeiten in Oregon (siehe auch Seiten 38-40). Die Firma Columbia betreibt die größte zivile Flotte von Vertol 107; hauptsächlich als Transporter von Stammholz in schwer zugänglichen Revieren.
Kleines Foto: Blick auf die Instrumententafel.

Columbia 234 Chinook

Der Columbia 234 Chinook wurde aus dem militärischen Boeing CH-47 D abgeleitet und flog am 19. August 1980 erstmals. Als zivile Ausführungen liefert Boeing die Langstreckenversion Boeing 234 LR mit großen Außentanks für fast 1200 km Reichweite und Platz für 44 Passagiere in einer Ausstattung, die aus Boeing Langstreckenflugzeugen abgeleitet war. Weiterhin gab es die Explorationsversion Boeing 234 ER mit Platz für 17 Passagiere und die Mehrzweckausführungen Boeing 234 UT bzw. Boeing 234 MLR, die kleine Tanks hatten und vor allem für hohe Nutzlasten ausgelegt waren. Anfänglich wurde der zivile Chinook für British Airways gebaut, um in der Nordsee als Bohrinselzubringer eingesetzt zu werden. Auch die norwegische Firma Helikopter Service setzte zwei Chinook in dieser Aufgabe ein, doch der Absturz eines mit 45 Personen besetzten British-Airways-Chinook im Jahr 1986 sorgte für einen Boykott der Ölkunden. Auch Donald Trump hatte zeitweise zwei Chinook in Betrieb, um wohlhabende Kunden von Manhattan zu seinen Casinos im 150 km entfernten Atlantic City zu fliegen. Drei zivile Chinook wurden nach Taiwan geliefert. Columbia Helicopters war über viele Jahre hinweg der einzige bedeutende Betreiber des zivilen Chinook und kaufte nach und nach neun der weltweit 13 gelieferten Maschinen auf. Sie werden für Logging, Feuerbekämpfung und Aussenlasttransporte aller Art eingesetzt. Da die Ersatzteilproduktion und Verbesserungen, die Columbia benötigte, für den Luftfahrtkonzern Boeing nicht wirtschaftlich waren, wurden die Produktionsrechte im Jahr 2007 an die Schwerlastfirma in Oregon verkauft.

Columbia 234 Chinook

Antrieb: 2 Honeywell AL-5512-Turbinen mit je 4355 WPS (3248 kW) Leistung
Rotordurchmesser: je 18,29 m
Rumpflänge: 15,77 m
Leermasse: 11340 kg
max. Abflugmasse: 23133 kg
Geschwindigkeit: Max: 295 km/h, Reise: 222 km/h
Reichweite: 445 km mit Reserve
Platzangebot: 2 Piloten und 19 Passagiere

Ein Columbia 234 Chinook auf einem Dock in Seattle, wo er für einen Auslandsauftrag demontiert und versandfertig gemacht wird.

Eine leichte Übung: Ein Boeing 234 verschafft einem Militärlaster bei einer Demonstrationtour in China Höhenluft.

Enstrom F-28 / 280

Mit der F-28 / 280-Serie hält Enstrom seit Jahren einen festen Marktanteil an kleinen Mehrzweckhubschraubern. Versionen sind der F-28 A mit 250 PS leistendem Lycoming HIO-360-C1B-Kolbenmotor, der dem Prototyp ähnliche F-28 B und der von einer 220 WPS Garrett TSE-36-1-Turbine angetriebene T-28. In großer Stückzahl verkauften sich die Muster F-28 C und Enstrom 280 C mit 205 PS leistendem Lycoming HIO-360-E1AD-Turbolader-Kolbenmotor und Heckrotor auf der linken Seite. Die F-28 C-1 und C-2 kamen mit einer durchgehenden Windschutzscheibe und verbessertem Cockpitlayout, während der aus dem F-28 C-2 entwickelte F-28 F Falcon und der Enstrom 280 F bzw. Enstrom 280 FX Shark von einem 225 PS leistenden Lycoming HIO-360-F1AD-Triebwerk angetrieben wurden. Vom viersitzigen Enstrom 280 L Hawk, vom Enstrom 280 FX abgeleitet, wurde nur ein Prototyp gebaut. Die F-28 / 280 werden im zivilen Bereich vor allem als Geschäftsreise-, Transport- und Trainingshubschrauber eingesetzt. Sie stehen auch bei einigen Streitkräften zu Schulungszwecken im Einsatz. Eine von einer Rolls Royce 250-C20W-Turbine angetriebene Version wurde unter der Bezeichnung F-280 FXT erprobt und ist als Enstrom 480 erhältlich.

Enstrom F-280 FX Shark

Antrieb: 1 Lycoming HIO-360-F1AD-Kolbentriebwerk mit 225 PS (167 kW) Leistung
Rotordurchmesser: 9,75 m
Rumpflänge: 8,75 m
Leermasse: 757 kg
max. Abflugmasse: 1179 kg
Geschwindigkeit: Max: 189 km/h, Reise: 176 km/h
Reichweite: 424 km mit Reserve
Platzangebot: 1 Pilot und 2 Passagiere

Der Enstrom F-28 ist ein sehr gutmütiger Hubschrauber und hat deshalb bei einigen Privatpiloten eine Fangemeinde.

Enstrom 480

Der Enstrom 480 ist der jüngste Sproß der F-28 / Enstrom 280-Familie. Nachdem schon mit dem T-28 eine turbinengetriebene Version des F-28-Prototyps erprobt wurde, wandte man sich beim Enstrom 480 wieder vom Kolbentriebwerk ab und stattete den Enstrom 280 L Hawk mit einer Rolls Royce-250-Turbine aus. Mit dieser Maßnahme möchte Enstrom zwei Fliegen mit einer Klappe schlagen: Bei geringem Anschaffungspreis erhält der Kunde eine leistungsfähigere Maschine mit niedrigen Betriebskosten. Auf dem zivilen Markt sieht Enstrom damit Chancen, in die Lücke zwischen Kolbenhubschraubern und leichten Turbinenhubschraubern wie dem Jet Ranger zu stoßen. Nach Bekanntgabe der Enstrom 480-Entwicklung wurde die erste Einheit von 40 Maschinen zu einem Stückpreis von 385.000 US-Dollar innerhalb eines Monats verkauft. Enstrom beteiligte sich mit dem Modell 480 als TH-28 vergeblich am Wettbewerb der US Army um einen neuen NTH (New Training Helicopter). Es ging um die Anschaffung von 205 neuen Maschinen, die die bisherigen UH-1H ersetzen sollten. Enstrom mußte sich dabei mit dem Jet Ranger (TH 206), dem Eurocopter 350 AStar NTH und dem Schweizer TH-330 messen. Seit 2000 wird der Enstrom 480 B mit einer um 5 % erhöhten max. Abflugmasse angeboten.

Enstrom 480 B

Antrieb: 1 Rolls Royce 250C-20W-Turbine mit 420 WPS (313 kW) Leistung
Rotordurchmesser: 9,75 m
Rumpflänge: 9,20 m
Leermasse: 826 kg
max. Abflugmasse: 1361 kg
Geschwindigkeit: Max: 232 km/h, Reise: 213 km/h
Reichweite: 685 km ohne Reserve
Platzangebot: 1 Pilot und 4 Passagiere

Der Enstrom 480 wurde vor allem entwickelt, um am US Army-Wettbewerb für einen Schulungshubschrauber teilzunehmen. Dort scheiterte er. Auf dem Zivilmarkt sieht es besser aus: Über 40 Maschinen wurden bereits ausgeliefert.

Erickson S-64 Skycrane

Erickson S-64 F Skycrane

Antrieb: 2 Pratt & Whitney JFTD12A-4A-Turbinen mit je 4500 WPS (3356 kW) Leistung
Rotordurchmesser: 22,70 m
Rumpflänge: 21,20 m
Leermasse: 9800 kg
max. Abflugmasse: 21.320 kg
Geschwindigkeit: Max: 203 km/h, Reise: 180 km/h
Reichweite: 370 km mit Reserve
Platzangebot: 3 Besatzung

Nachdem Erickson die Produktionsrechte für den Skycrane erhalten hatte, wurden einige Maschinen zur Waldbrandbekämpfung ausgerüstet und unter anderem nach Italien verkauft.

Der S-64 – Erstflug am 9. Mai 1962 – wurde als reiner Kranhubschrauber entwickelt. Ähnlich dem russischen Mi-10 erhielt er ein hohes Fahrwerk zur Aufnahmevon Containern unterschiedlichster Art. So wurden Transportbehälter mit Sitzplätzen für 45 Soldaten, mit 24 Krankentragen, mit einem Operationssaal oder mit Befehls- und Kommunikationseinheiten ausgestattet. Bei Einsätzen als fliegender Kran kann ein Pilot gegen die Flugrichtung sitzen und die Maschine mit Blick auf die Last steuern. Auch die

Ein S-64 E der Firma Erickson Air Crane. Die provisorisch hergerichtete Landefläche mitten im Wald dient zur Betankung und Wartung.

Bundeswehr erprobte zwei Prototypen des S-64. Die US Army beschaffte einige Maschinen, die in Vietnam schweres Gerät transportierten und abgestürzte Flugzeuge bargen. Ab 1969 wurde der von zwei T73-P-700-Turbinen mit je 4800 WPS Leistung angetriebene und mit besseren Rotorblättern ausgerüstete CH-54 B in Dienst gestellt, wodurch die Abflugmasse auf 21314 kg erhöht werden konnte. Zivile Versionen sind der S-64 E und S-64 F, die dem CH-54 A und CH-54 B entsprechen. 1992 verkaufte Sikorsky erstmals eine Typenzulassung und damit die gesamte Verantwortung für die Ersatzteilversorgung der 7 zivilen und 72 von der National Guard betriebenen CH-54 an die Firma Erickson Aircrane. Diese hat zwischenzeitlich einige zivile S-64 an Betreiber in Italien und Canada verkauft, wo sie hauptsächlich zur Brandbekämpfung eingesetzt werden.

Sitz des zweiten Piloten gegen die Flugrichtung. Bei Einsätzen als Kranhubschrauber bietet sich so die Gelegenheit, die Maschine mit Blick auf die Last zu steuern.

Hiller UH-12

Der Hiller UH-12 gehörte zu den ersten Mehrzweckhubschraubern der amerikanischen Streitkräfte. Er wurde unter der Benennung H-23 in verschiedenen Varianten als Trainings- und Verbindungshubschrauber eingesetzt. Den Löwenanteil stellten 483 OH-23 D Raven (320 PS Lycoming VO-540-1B-Kolbenmotor) und 392 OH-23 G. Letzteres Modell entspricht dem zivilen UH-12 E. Auf dem zivilen Markt erschienen die Varianten Hiller UH-12 A mit 178 PS leistendem Franklin-Triebwerk sowie Hiller UH-12 B, C und D mit 200 PS bzw. 210 PS leistenden Franklin-Motoren. Die ersten UH-12 E erhielten einen 315 PS leistenden Lycoming TIVO-540-A2A Turbomotor, ebenso die ersten um 64 cm verlängerten UH-12 E4 mit Platz für vier statt für zwei Passagiere. Die späteren UH-12 E und UH-12 E4 bekamen ein gedrosseltes Lycoming VO-540-C2A-Triebwerk. Turbinengetriebene Varianten waren der dreisitzige UH-12 ET und der viersitzige UH-12 E4T mit einer von 420 WPS auf 301 WPS gedrosselten Rolls Royce 250C-20B-Turbine. Über 2000 UH-12 wurden verkauft und viele davon stehen noch im Einsatz. Ein UH-12 E soll mit über 8500 Metern einen inoffiziellen Höhenrekord kolbengetriebener Hubschrauber aufgestellt haben.

Hiller UH-12 E

Antrieb: 1 Lycoming VO-540-C2A-Kolbentriebwerk mit 340 PS (250 kW) Leistung
Rotordurchmesser: 10,76 m
Rumpflänge: 8,69 m
Leermasse: 797 kg
max. Abflugmasse: 1406 kg
Geschwindigkeit: Max: 155 km/h, Reise: 145 km/h
Reichweite: 520 km mit Reserve
Platzangebot: 1 Pilot und 2 Passagiere

Der UH-12 E ist ein echtes Arbeitspferd und als »fliegender Kran« noch immer weltweit im Einsatz. Auch in Deutschland fliegen einige UH-12 E mit der Soloy-Turbinenumrüstung.

Kaman K-20 Seasprite

Ein SH-2G Super Seasprite bei der Landung auf einem Hubschrauberträger der US Navy. Man beachte die Sonar-Ortungseinrichtung unter dem Cockpit, eine wichtige Ausrüstung für U-Boot-Jäger.

Der K-20 wurde 1956 als Mehrzweckhubschrauber für die US Navy konzipiert und war dort bis zur Ausmusterung Ende 2001 und Ersatz durch den Sikorsky SH-60 im Einsatz. Die ersten Seasprite-Versionen UH-2 A und UH-2 B (Seasprite = Meereskobold, Seegeist) wurden von je einer einzigen General Electric T53-GE-8B-Turbine mit 1250 WPS Leistung angetriebenen; sie unterscheiden sich nur in der Avionik. Zur Verbesserung der Leistung und Erhöhung der Sicherheit wurde der UH-2 C mit zwei T53-GE-8B entwickelt, woraufhin alle UH-2 A und B auf den C-Standard nachgerüstet, bzw. auf HH-2 C- und HH-2 D- Standard gebracht wurden. Der HH-2 C wurde als gepanzerter und bewaffneter Rettungs- und Mehrzweckhelikopter ausgelegt; der HH-2 D als unbewaffnete SAR-Version. Alle Maschinen wurden ab 1970 im Rahmen des LAMPS-Programmes für schiffsgestützte Hubschrauber zur U-Boot- und Raketenabwehr auf SH-2 D-Standard gebracht. Diese Version kann über zwei Tonnen Bewaffnung und Elektronik an Bord nehmen. Im SH-2 F wurden zwei T53-GE-8F-Turbinen mit je 1350 WPS eingebaut, das Rotorsystem verbessert und das Spornrad verlegt. Mit stärkeren Triebwerken und einer höheren Abflugmasse wurden sie Ende der 90er Jahre auf SH-2G-Standard gebracht. Der SH-2 ist noch bei den Marinestreitkräften von Neuseeland, Australien, Ägypten und Polen im aktiven Einsatz.

Kaman SH-2 G Super Seasprite

Antrieb: 2 General Electric T700-GE-401C-Turbinen mit je 1723 WPS (1285 kW) Leistung
Rotordurchmesser: 13,41 m
Rumpflänge: 12,24 m
Leermasse: 4616 kg
max. Abflugmasse: 6441 kg
Geschwindigkeit: Max: 277 km/h, Reise: 222 km/h
Reichweite: 1037 km mit 3 Außentanks und Reserve
Platzangebot: 3 Besatzung und 8 Soldaten

Kaman H-43 Huskie

Der Huskie wurde Anfang der fünfziger Jahre unter der Bezeichnung HOK-1 bzw. HUK-1 von der US Navy und dem Marine Corps als Verbindungshubschrauber in Dienst gestellt. Wie die Air-Force-Variante H-43 A wurden sie von 600 PS leistenden Pratt & Whitney-Sternmotoren angetrieben. Die Luftwaffe forderte schon bald eine stärkere, turbinengetriebene Version, die sie mit dem von einer Honeywell T53-L-1-Turbine angetriebenen H-43 B ab Anfang der sechziger Jahre erhielt. Der H 43 F für Einsätze unter sogenannten hot and high-Bedingungen wurde unter anderem in den Iran und nach Burma geliefert und hatte eine auf 825 WPS gedrosselte Honeywell T53-L-11A-Turbine mit 1150 WPS Leistung. Mit fast 200 gebauten Exemplaren stellt der H-43 den erfolgreichsten Vertreter des ineinanderkämmenden Rotorsystems dar. Die Steuerung erfolgt über kleine Steuerklappen an den Rotorblättern, die über Servos angesteuert werden. Da die Luftsäulen schräg nach unten wirken, konnte mit dem Huskie selbst in dichtem Rauch geflogen werden, ohne die Sicht zu verlieren. Deshalb hielt ihn die Luftwaffe auf ihren Fliegerhorsten gern als Feuerlöschhubschrauber in Bereitschaft. Aufgrund der hervorragenden Leistungen werden einige Huskies in den Vereinigten Staaten immer noch als Lastenhubschrauber genutzt.

Kaman H-43 B Huskie

Antrieb: 1 Honeywell T53-L-1B-Turbine mit 860 WPS (641 kW) Leistung
Rotordurchmesser: je 14,33 m
Rumpflänge: 7,67 m
Leermasse: 2027 kg
max. Abflugmasse: 3990 kg
Geschwindigkeit: Max: 193 km/h, Reise: 177 km/h
Reichweite: 395 km mit Reserve
Platzangebot: 2 Piloten und 10 Passagiere

Mit seinen ineinanderkämmenden Hauptrotoren, die Rauch schräg nach unten wegdrücken, eignete sich der Huskie hervorragend zur Brandbekämpfung. Er diente auf vielen Basen der Air Force als fliegende Feuerwehr. Im Bild ein HH-43 B.

Kaman K-1200 K-Max

Der K-Max wurde speziell für den zivilen Schwerlasttransport entwickelt. Aus der Erkenntnis heraus, daß alle sonstigen für Lasttransporte eingesetzten Maschinen Kompromisse darstellen, legte Kaman den K-1200 als möglichst einfaches, kostengünstiges und effektives Gerät aus. Ein einsitziges Cockpit mit gewölbten Fenstern, die eine beidseitige Sicht nach unten erlauben, klassische Steuerelemente und große Instrumente für Mastmoment, Rotordrehzahl und Hakengewicht sind die wichtigsten Merkmale des Piloten-Arbeitsplatzes. Das Dreipunkt-Radfahrwerk ist so angeordnet, daß es die Sicht des Piloten nach unten nicht behindert. Das sehr effektive ineinanderkämmende Rotorsystem und ein bewährtes Triebwerk mit gedrosselter Leistung sorgen für eine hohe Nutzlast-Kapazität auch in großen Höhen. Die Steuerung über kleine Klappen an den Rotorblättern macht eine wartungsintensive Hydraulik überflüssig. Alle Komponenten haben lange Laufzeiten, um den Hubschrauber so günstig wie möglich betreiben zu können. Einen großen Marktbedarf sieht Kaman im Logging (Holzrücken), bei Außenlasttransporten und Montagen, in der Feuerbekämpfung und bei landwirtschaftlichen Sprüheinsätzen. Die ersten Maschinen wurden 1994 ausgeliefert.

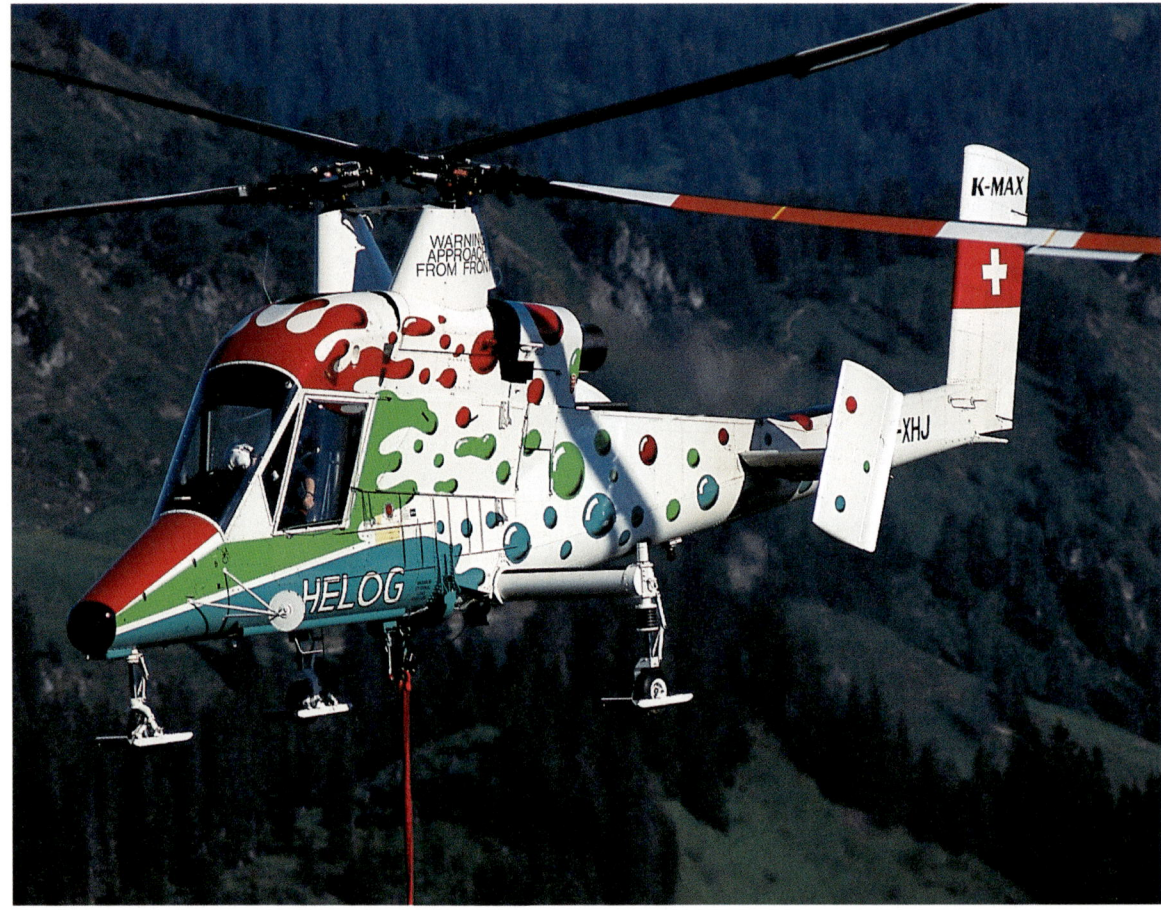

Der K-Max wurde als reiner Arbeitshubschrauber entwickelt. Er bietet zwar nur Platz für einen Piloten, kann dafür aber drei Tonnen Nutzlast transportieren.

Kaman K-1200 K-Max

Antrieb: 1 Honeywell T53-17A-Turbine mit 1800 WPS (1343 kW) Leistung
Rotordurchmesser: je 14,72 m
Gesamtlänge: 15,82 m
Leermasse: 2334 kg
max. Abflugmasse: 5443 kg
Geschwindigkeit: Max: 185 km/h, Reise: 180 km/h
Platzangebot: 1 Pilot

MD Helicopters 500 / 530

Der 1960 ausgeschriebene Wettbewerb für einen LOH (Light Observation Helicopter) war wie beim Jet Ranger der Auslöser für den Bau einer sehr erfolgreichen Hubschrauberfamilie. Vom OH-6 A Cayuse, der den Wettbewerb gewann, wurden bis 1970 1434 Stück an die US Army ausgeliefert. Abwandlungen des OH-6 und die Exportversion MD 500 M wurden an verschiedene Streitkräfte verkauft. Zivile Versionen sind der MD 500 mit einer 317 WPS leistenden Rolls Royce 250C-18A-Turbine und der MD 500 C mit einem auf 278 WPS gedrosselten 400 WPS-Rolls Royce 250C-20-Triebwerk. Der MD 500 D (militärische Version MD 500 M-D) erhielt eine 420 WPS leistende Rolls Royce 250C-20B-Turbine, einen vergrößerten Fünfblatt-Hauptrotor, eine T-förmige Heckflosse und (auf Wunsch) einen leiseren Heckrotor. Der MD 500 E bekam eine neue, spitz zulaufende Kabine, die auch innen verbessert wurde. Der MD 500 E ist wahlweise mit einer 420 WPS leistenden Rolls Royce 250C-20B- oder mit einer 450 WPS leistenden Rolls Royce 250C-20R-Turbine erhältlich, die beide auf 375 WPS gedrosselt wurden. Der MD 530 F erhielt eine Rolls Royce 250C-30-Turbine, die zur Verbesserung der Höhenleistung ebenfalls gedrosselt wurde. Zivile MD 500/530 werden aufgrund ihres geringen Lärmpegels vor allem als Geschäftsreise- und Polizeihubschrauber verwendet.

MD Helicopters MD 530 F

Antrieb: 1 Rolls Royce 250C-30-Turbine mit 650 WPS (485 kW) Leistung
Rotordurchmesser: 8,34 m
Rumpflänge: 7,50 m
Leermasse: 722 kg
max. Abflugmasse: 1701 kg
Geschwindigkeit: Max: 282 km/h, Reise: 248 km/h
Reichweite: 430 km mit Reserve
Platzangebot: 1 Pilot und 4 Passagiere

Ein MD Helicopters 500 Defender in den Tarnfarben der philippinischen Luftwaffe.

MD Helicopters 520N

Wegen des geringen Geräuschpegels sind die NOTAR-Hubschrauber vor allem bei der Polizei sehr beliebt.

MD Helicopters MD 520N

Antrieb: 1 Rolls Royce 250C-20R-Turbine mit 450 WPS (336 kW) Leistung
Rotordurchmesser: 8,34 m
Rumpflänge: 7,77 m
Leermasse: 719 kg
max. Abflugmasse: 1746 kg
Geschwindigkeit: Max: 282 km/h, Reise: 245 km/h
Reichweite: 412 km mit Reserve
Platzangebot: 1 Pilot und 4 Passagiere

Die Entwicklung des von McDonnell Douglas (Vorläufer von MD Helicopters) patentierten NOTAR-Systems (NO TAil-Rotor = ohne Heckrotor) geht auf Forschungsarbeiten zurück, die die US Army in Auftrag gab. Der Prototyp auf Basis eines OH-6 startete am 17. Dezember 1981 zum Erstflug. Mit ihm wurden Flugtests durchgeführt, die 1987 zur Entscheidung für die Serienproduktion führten.

Die neue Technologie: Das NOTAR-System bläst die beschleunigte Luft am Heck so gezielt aus, daß das Drehmoment teilweise ausgeglichen wird. Das Leitwerk und die am Heck angebrachten Schlitze, die die aerodynamischen Verhältnisse so raffiniert

Ein Löschhubschrauber MD 520N der Polizei von Phoenix/Arizona beim Wasserschöpfen mit dem sogenannten Bambi-Eimer.

nützen, daß eine unterstützende Kraft entsteht, sorgen für den restlichen Drehmomentausgleich. Der Vorteil des NOTAR-Systems liegt vor allem in der erhöhten Sicherheit gegenüber einem konventionellen Heckrotor, im seiner sehr geringen Geräuschentwicklung und in einem verbesserten Wirkungsgrad.

Eine militärische Version wird als Defender angeboten. Der erste MD 520N wurde Ende 1991 ausgeliefert; zwischenzeitlich fliegen weltweit fast 200 MD 520N. Viele Maschinen stehen wegen des niederen Geräuschpegels im polizeilichen Einsatz.

MD Helicopters 600N Explorer

Der MD Helicopters MD 600N wurde auf der Heli-Expo '95 in Las Vegas erstmals vorgestellt (Erstflug: 8. November 1994). Er handelt sich um eine Weiterentwicklung des MD 520N mit einer um 150 cm verlängerten Kabine, einem stärkeren Rolls Royce 250C-47-Triebwerk und einem Sechsblatt-Hauptrotor. Er weist gegenüber dem MD 520N eine um über 100 kg erhöhte Abflugmasse aus.

Die Entwicklung des MD 600N vollzog sich unter großer Geheimhaltung, so daß der Hubschrauber schon bei seiner Vorstellung überraschend weit fortgeschritten war. Durch die Vergrößerung der Kabine kann MD Helicopters neben seinem Explorer auch einen einturbinigen Hubschrauber in der Klasse der 6-8-Sitzer anbieten. Damit wird der MD 600N zum direkten Konkurrenten des Eurocopter AS 350 Ecureuil und des Bell 407, wobei er einen erheblich geringeren Geräuschpegel und günstigere Betriebskosten als seine Wettbewerber hat. Die Firma AirStar Helicopters, die Rundflüge über dem Grand Canyon durchführt, bestellte noch am Tag der Vorstellung die ersten zwei Maschinen. Für Rundflüge in Nationalparks eignet sich der MD 600N geradezu ideal: a) Alle Passagiere haben eine hervorragende Sicht; b) für Flüge über Nationalparks gelten strenge Geräuschbeschränkungen, die andere Maschinen nicht erfüllen.

MD Helicopters MD 600N

Antrieb: 1 Rolls Royce 250C-47M-Turbine mit 808 WPS (603 kW) Leistung
Rotordurchmesser: 8,34 m
Rumpflänge: 8,99 m
Leermasse: 953 kg
max. Abflugmasse: 2132 kg
Geschwindigkeit: Max: 282 km/h, Reise: 248 km/h
Reichweite: 784 km ohne Reserve
Platzangebot: 1 Pilot und 7 Passagiere

Der MD 600N bietet sieben Passagieren Platz und eignet sich aufgrund seiner Konzeption besonders für den »sanften« Flugtourismus in Nationalparks. Das Modell wurde unter großer Geheimhaltung entwickelt und auf der Heli-Expo '95 erstmals vorgestellt. Mit der Auslieferung der ersten Serienmaschinen wurde Ende 1996 begonnen.

MD Helicopters Explorer

Mit den Modellen MD 900 und MD 901 Explorer hat MD Helicopters einen komplett neuentwickelten, leichten zweimotorigen Hubschrauber auf dem Markt plaziert. Der MD 900 wurde von zwei Pratt & Whitney-, der MD 901 von zwei Turbomeca Arrius-2C-Turbinen mit je 605 WPS Leistung angetrieben. Der Explorer (= Erforscher) wurde mit Eigenmitteln in der Größenordnung von 200 Mio. US-Dollar entwickelt. Er ist sehr günstig im Betrieb und bis zu 25% leiser als die Konkurrenten. Technische Details wie ein digitales Cockpit und das Stability Augmentation System, das kleine Unruhen, wie sie z.B. bei Böen entstehen, automatisch ausgleicht, sorgten für guten Auftragsbestand. Bis zum Erstflug am 18. Dezember 1992 lagen schon 200 Bestellungen für die beiden Varianten vor. Am 2. Dezember 1994 erhielt der Explorer seine Musterzulassung, vierzehn Tage später wurde die erste Maschine ausgeliefert.

Seit 1997 wird standardmäßig der MD 902 ausgeliefert, der aufgrund höherer Leistung bei Ausfall eines Triebwerkes auch den Cat A-Anforderungen der FAA/JAA entspricht. Ältere Modelle konnten entsprechend nachgerüstet werden.

MD Helicopters MD 902 Explorer

Antrieb: 2 Pratt & Whitney of Canada PW 207E-Turbinen mit je 640 WPS (477 kW) Leistung
Rotordurchmesser: 10,34 m
Rumpflänge: 9,86 m
Leermasse: 1531 kg
max. Abflugmasse: 3130 kg
Geschwindigkeit: Max: 259 km/h, Reise: 241 km/h
Reichweite: 561 km mit Reserve
Platzangebot: 1 Pilot und 7 Passagiere

Das Explorer-Cockpit bietet Pilot und Copilot hervorragende Sicht.

Im Banne der Pyramide: Explorer über dem Hotel »Sphinx« in Las Vegas.

Robinson R 22

Der R 22 Mariner ist vor allem bei Anglern in Kanada verbreitet, um an abgelegene Flüsse und Seen zu fliegen.

Robinson R 22 Beta II

Antrieb: 1 Lycoming O-320-B2C-Kolbentriebwerk mit 131 PS (96 kW) Leistung
Rotordurchmesser: 7,67 m
Rumpflänge: 6,30 m
Leermasse: 388 kg
max. Abflugmasse: 621 kg
Geschwindigkeit: Max: 189 km/h, Reise: 178 km/h
Reichweite: 332 km ohne Reserve
Platzangebot: 1 Pilot und 1 Passagier

Frank Robinson entwickelte mit seinem R22 einen kleinen zweisitzigen Hubschrauber, der durch seine günstigen Betriebskosten sehr erfolgreich ist. Nachdem der Erstflug schon im September 1975 stattfand, dauerte es vier Jahre, bis die FAA-Zulassung vorlag. Am Anfang verkaufte sich der kleine R 22, der von den anderen Herstellern wegen seiner einfachen Konstruktion verspottet wurde, schlecht. Der Verkauf der ersten 1000 R 22 dauerte fast zehn Jahre. Aber dann war das Eis gebrochen: die nächsten 1000 Stück wurde Robinson in sage-und-schreibe 22 Monaten los! Seit 1986 ist der R 22 der meistverkaufte Hubschrauber, was die Absätze pro Jahr angeht, und seit 1990 gilt er sogar als das am meisten verkaufte motorisierte Fluggerät überhaupt. Dies hat natürlich auch mit den in den Vereinigten Staaten üblichen flugrechtlichen Bestimmungen und Prüfungsrichtlinien zu tun, von denen Privatpiloten in Europa nur träumen können.

Bei den R 22 HP, R 22 Alpha und R 22 Beta handelt es sich um verbesserte und leistungsgesteigerte Ausführungen. Der R 22 wird als Mariner mit festen Schwimmern für Wasserlandungen angeboten. Darüberhinaus ist eine IFR-Trainings- und eine Polizeiversion mit erweiterter Avionik, Suchscheinwerfern und Sirene erhältlich. Seit Ende 1995 wird zur R 22 Beta-Serie auch der R 22 Beta II / Mariner II angeboten. Er bringt aufgrund eines leistungsstärkeren Motors in großen Höhen 13 % mehr Leistung als der R 22 Beta / Mariner und verfügt über eine exaktere Drehzahlregulierung.

Robinson R 44

Robinson R 44 Raven II

Antrieb: 1 Lycoming IO-540-Kolbentriebwerk mit 245 PS (183 kW) Leistung
Rotordurchmesser: 10,06 m
Rumpflänge: 9,07 m
Leermasse: 683 kg
max. Abflugmasse: 1134 kg
Geschwindigkeit: Max: 241 km/h, Reise: 213 km/h
Reichweite: 644 km ohne Reserve
Platzangebot: 1 Pilot und 3 Passagiere

Nachdem sich der Robinson R 22 als Verkaufsschlager erwiesen hatte, hub Robinson mit dem R 44 zum zweiten Streich an: Einem viersitziger Hubschrauber, der wie sein kleiner Bruder unschlagbar günstig ist. Bewußt wurde ein Kolbenmotor und der relativ einfach konstruierte Robinson-Rotorkopf gewählt. Die Wartungsintervalle (TBO-Time Between Overhaul) für Triebwerk und Zelle sowie für die wichtigsten dynamischen Komponenten betragen durchgehend 2200 Stunden. Dadurch liegen die Anschaffungs- und Betriebskosten um mehr als die Hälfte niedriger als die eines Turbinenhubschraubers der gleichen Größenklasse. Die kalkulierten Betriebskosten liegen bei 154,85 US-Dollar, wobei die allgemein günstigeren amerikanischen Verhältnisse zugrunde gelegt sind. Mit einer Anzahlung von je 15.000 US-Dollar wurden ab März 1992 die ersten Bestellungen angenommen. Bis zu seiner FAA-Zulassung am 10. Dezember 1992 waren schon 120 R 44 Astro bestellt, die ersten wurden schon kurz darauf ausgeliefert. Bis Ende 1995 waren bereits 200 Stück auf dem Markt. Daran konnten auch einige Unfälle nichts ändern, zumal offensichtlich keine konstruktiven Mängel nachgewiesen wurden. Mit dem R 44 Raven I führte Robinson eine Hydraulikunterstützung ein, der R 44 Raven II hat einen stärkeren Einspritzmotor und breitere Rotorblätter. Der R 44 ist auch mit aufblasbaren Schwimmern erhältlich und heißt dann Clipper. Robinson bietet den R 44 mit voll integrierter Technik für den Polizeieinsatz und für Fernsehstationen (Newscopter) an. Der R 44 ist in den letzten Jahren der meistverkaufte zivile Hubschrauber.

Für den R 44 entwickelte Robinson aufblasbare Schwimmer, die erheblich leichter sind und sich trotzdem schneller aufblasen lassen als herkömmliche Systeme anderer Hersteller.

Der R 44 Newscopter wird von Robinson komplett mit stabilisiertem Kamerasystem und integrierter TV-Technik zu einem Preis angeboten, der normal schon für Kauf und Einbau der TV-Technik bezahlt werden muss.

Der R 44 bietet Flugleistungen, die besser sind als die der meisten leichten Turbinenhubschrauber.

Robinson R 66

Auf der Heli-Expo 2007 bestätigte Frank Robinson zum ersten Mal offiziell, was schon seit Jahren als Gerücht im Umlauf war. Der erfolgreiche kalifornische Hubschrauberhersteller plant einen 5-sitzigen Hubschrauber, der dieselben Prinzipien nutzt, die die beiden anderen Modelle so erfolgreich gemacht haben: Einfach, günstig und leicht. Robinson zielt damit ebenso auf den großen Markt von alternden kleinen Turbinenhubschraubern wie dem Jet Ranger oder MD Helicopters 500 wie auch auf zufriedene R 44-Kunden, die etwas mehr Platz brauchen. Robinson motivierte Rolls Royce dazu, eine modernisierte Version der Turbine der 250er Serie zu entwickeln, um den Treibstoffverbrauch und die Wartungskosten zu senken. Die neue RR 300-Turbine leistet 300 WPS (224 kW) und soll dem R 66 zu Leistungen verhelfen, die besser sind als die des Bell Jet Rangers. Auch im Preis orientiert sich Robinson am Jet Ranger. Nach seinen Aussagen wird der Preis oberhalb des R 44 und unterhalb 1 Million US$ liegen. Das Rotorsystem des R 44 soll erhalten bleiben, der Rumpf wird jedoch 20 cm breiter sein als der des R 44, um auf der hinteren Bank Platz für den fünften Sitzplatz zu haben. Um die Steuerbarkeit zu gewährleisten, muß der R 66 nach Angaben von Robinson auch ungefähr 20 cm höher und länger werden als der R 44. Durch die Bezeichnung R 66 wollte Robinson mit dem Mythos aufräumen, dass die Typenbezeichnung einen Zusammenhang mit der Anzahl der Sitzplätze hat. Aufgrund der umfangreichen Entwicklungs- und Zulassungsarbeiten wird wohl nicht mit einer ersten Auslieferung vor dem Jahr 2015 zu rechnen sein.

Der R 66 wird wieder konsequent nach dem Erfolgsrezept »einfach-günstig-leicht« konstruiert. Ob Robinson auch mit einem turbinengetriebenen Hubschrauber an den Erfolg des R 22 und R 44 anknüpfen kann, bleibt abzuwarten.

Schweizer 300

Den Firmennamen Schweizer erhielt der leichte zweisitzige Hubschrauber erst, nachdem er schon etliche Einsatzjahre auf dem Rotor hatte. Er kam sozusagen als Hughes 269 auf die Welt - ein Beobachtungshubschrauber, den Hughes für die US Army entwickelte. Die Army entschied sich für den Hughes 269 A, den ein 180 PS-Lycoming HIO-360-A1A Kolbentriebwerk in die Luft brachte. Nach einigen Verbesserungen bestellte die US Army das Modell schließlich als TH-55 A Osage. Bis 1969 hielt sie immerhin 792 Maschinen für Schulungszwecke im Einsatz.

Beim Schweizer 300 CBi wurden große Anstrengungen in Ausstattung und bei den Betriebskosten unternommen, um im Schulungsmarkt gegenüber Robinson bestehen zu können.

1964 kam der dreisitzige Hughes 300 auf den Markt, der ab 1969 vom Hughes 300 C abgelöst wurde. Er wies neben einem stärkeren Triebwerk einen größeren Haupt- und Heckrotordurchmesser sowie eine höhere Nutzlastkapazität auf. Beim Hughes 300 CQ verminderte ein leiserer Heckrotor den Fluglärm. Für den Polizeieinsatz waren leicht gepanzerte Sitze sowie Suchscheinwerfer und eine Lautsprecheranlage als Zusatzausstattung erhältlich. Der Hughes 300 C wurde bei Breda-Nardi in Italien als NH-300 C und bei Kawasaki in Japan in Lizenz gebaut. Mit dem Aufkauf von Hughes durch McDonnell Douglas übernahm die im Agrarflugzeugbau tätige Schweizer Aircraft die Produktion des Modell 300, anfänglich nur im reinen Lizenzbau. Später kaufte Schweizer die Produktionsanlagen und vermarktet die Maschine seither in eigener Regie. 1995 wurde als jüngste Variante der Schweizer 300 CB vorgestellt, im Jahr 2002 der mit einem Einspritzermotor ausgestattete 300 CBi, der durch sein günstigstes Preis-/Leistungsverhältnis die einzige Konkurrenz zum Robinson R 22 als Schulungshubschrauber ist. Ende 2004 kaufte Sikorsky die Firma Schweizer auf und verlegte Teile der Produktion nach China.

Schweizer 300 CBi

Antrieb: 1 Lycoming HIO-360-G1A-Kolbentriebwerk mit 180 PS (134 kW) Leistung
Rotordurchmesser: 8,18 m
Rumpflänge: 6,76 m
Leermasse: 500 kg
max. Abflugmasse: 794 kg
Geschwindigkeit: Max: 174 km/h, Reise: 148 km/h
Reichweite: 417 km mit Reserve
Platzangebot: 1 Pilot und 2 Passagiere

Schweizer 330 / 333

Der Schweizer 333 wurde auf der Heli-Expo 2000 in Las Vegas als Weiterentwicklung aus dem Schweizer 330 SP vorgestellt. Schweizer hat die Startleistung erhöht und den Rotor mit größerem Durchmesser und einem neuen Blattprofil ausgestattet, so daß die Reisegeschwindigkeit erhöht und das Vibrationsniveau gesenkt werden konnte. Um die Leistung auch in großen Höhen und heißen Gebieten zur Verfügung zu haben, wurde die 420 WPS (313 kW) leistende Rolls Royce 250C-20W-Turbine auf 250 shp (186 kW) gedrosselt. Der Schweizer 333 bietet 30% mehr verfügbare Zuladung als der Schweizer 330 SP und kann damit eine Zuladung transportieren, die größer ist als sein Eigengewicht. Mit nur 75% der Anschaffungskosten und 70% der direkten Betriebskosten eines Bell 206 Jet Ranger soll der Schweizer 333 der günstigste aller Turbinenhubschrauber sein. Da Schweizer große Marktchancen in der Schulung sieht, wurde bei der Konstruktion besonders auf Sicherheit bei Unfällen geachtet. Die Sitze sind stark stoßabsorbierend und die Zelle hat Verstärkungen, die bei einem Unfall den Einschlag der Rotorblätter verhindern sollen. Der Schweizer 333 wurde als einziger Hubschrauber jemals mit dreifachen Steuerorganen zugelassen, so daß zwei Schülern gleichzeitig geschult werden können.

Schweizer 333

Antrieb: 1 Rolls Royce 250C-20W-Turbine mit 420 WPS (297 kW) Leistung
Rotordurchmesser: 8,39 m
Gesamtlänge: 6,82 m
Leermasse: 590 kg
max. Abflugmasse: 1157 kg
Geschwindigkeit: Max: 222 km/h, Reise: 192 km/h
Reichweite: 574 km ohne Reserve
Platzangebot: 1 Pilot und 3 Passagiere

Mit einigen innovativen Ideen wollte Schweizer den 330/333 auf dem militärischen Trainingsmarkt für Turbinenhubschrauber positionieren, was allerdings bis heute nicht gelang.

Sikorsky S-58

Den S-58 entwickelte Sikorsky ursprünglich als U-Boot-Bekämpfungshubschrauber für die US Navy (Erstflug: 8. März 1954). Er wurde von einem Wright R-1820-84-Sternmotor mit 1525 PS Leistung angetrieben. Neben seiner U-Boot-Bekämpfungsrolle wurde er schon bald bei der Navy, dem Marine Corps und bei der Army als Mehrzweckhubschrauber eingesetzt. Verschiedene Bewaffnungsversuche wurden durchgeführt. Auch die US Coast Guard hatte sechs S-58 als SAR-Hubschrauber im Einsatz. Vom S-58 wurden ca. 2300 Exemplare gebaut, die in viele Länder exportiert wurden. Auch die Bundeswehr hatte 145 H-34 G im Einsatz, von denen 23 als SAR-Hubschrauber flogen. Westland produzierte den S-58 in Lizenz und entwickelte daraus den turbinengetriebenen Wessex. Auch Sikorsky rüstete zivile S-58 ab 1972 als S-58 T mit einem 1800 WPS leistenden Pratt & Whitney PT6T-3 Twin Pac aus. Ab 1974 wurde das stärkere PT6T-6 Twin Pac verwendet. Zur Umrüstung konnten die Maschinen ins Werk zurückgeflogen oder mit Hilfe von Umrüstsätze extern nachgerüstet werden. Ungefähr 160 kolbengetriebene S-58 wurden nachträglich mit Turbinen versehen.

Sikorsky S-58 T

Antrieb: 1 Pratt & Whitney PT6T-6 Twin Pac mit 1875 WPS (1398 kW) Leistung
Rotordurchmesser: 11,07 m
Rumpflänge: 14,40 m
Leermasse: 3437 kg
max. Abflugmasse: 5896 kg
Geschwindigkeit: Max: 222 km/h, Reise: 180 km/h
Reichweite: 445 km mit Reserve
Platzangebot: 2 Piloten und 16 Passagiere

Ein S-58 T als Personenzubringer in New York. 16 Passagiere finden im Bauch Platz. Kleines Foto: Blick unter die Haube: Der S-58 wurde ursprünglich von einem Sternmotor angetrieben (wie abgebildet). Ab 1972 war die Ausführung S-58 T mit Pratt & Whitney PT6T-6 Twin Pac-Turbine erhältlich.

Sikorsky S-61 A / B / D Sea King

Die US Navy forderte Ende der fünfziger Jahre einen Ersatz für den S-58-U-Jäger. Sikorsky entwickelte daraufhin den S-61 Sea King mit schwimmfähigem Rumpf und zwei General-Electric-Turbinen, die über der Kabine angebracht waren und dadurch einen großen Innenraum boten. Der S-61 A war für Transport- und SAR-Aufgaben vorgesehen und konnte 28 Passagiere aufnehmen, der S-61 B wurde zur U-Boot-Bekämpfung eingesetzt. Aufgrund der hohen Turbinenleistung und der großen Nutzlast war der S-61 B nicht mehr wie der S-58 auf die Zusammenarbeit mit einem Schiff angewiesen, sondern konnte U-Boote selbständig orten und bekämpfen. Die ersten SH-3 A (milit. Benennung des S-61 B) erhielten 1250 WPS leistende General Electric T58-GE-8B-Turbinen, die späteren SH-3 D, SH-3 G und SH-3 H dann T58-GE-10-Triebwerke. Die Exportausführung des SH-3 D hieß S-61 D. Verschiedene Varianten des S-61 waren bei der Navy und bei der Air Force im Dienst, darunter der VH-3 D, der noch immer als VIP-Transporter dem amerikanischen Präsidenten und hochgestellten Regierungsmitgliedern zur Verfügung steht, in den nächsten Jahren aber vom Lockheed/Agusta Westland US 101 abgelöst wird. Agusta, Mitsubishi und Westland bauten den S-61 Sea King in Lizenz und boten verschiedene Weiterentwicklungen an.

Sikorsky S-61 B (SH-3 D) Sea King

Antrieb: 2 General Electric T58-GE-10-Turbinen mit je 1400 WPS (1044 kW) Leistung
Rotordurchmesser: 18,90 m
Rumpflänge: 16,69 m
Leermasse: 5382 kg
max. Abflugmasse: 9752 kg
Geschwindigkeit: Max: 267 km/h, Reise: 219 km/h
Reichweite: 1055 km mit Reserve
Platzangebot: 4 Besatzung

Der VH-3 D, die VIP-Ausführung des S-61 D Sea King, ist das Luft-Taxi des US-Präsidenten.

Sikorsky S-61 L / N / Payloader

Der S-61 N wurde mit seinem verlängerten »Schiffsbug«, dem einziehbaren Fahrwerk und den seitlichen Stützschwimmern besonders für Flüge über See ausgelegt.

Die Modelle S-61 L, N und Payloader (Payload = Nutzlast) wurden ausschließlich für den zivilen Markt entwickelt. Der Rumpf des Sea King wurde zu diesem Zweck verlängert und als Antrieb zwei General Electric T58-110-Turbinen mit je 1350 WPS Leistung eingebaut. Die späteren Mk.II-Versionen flogen mit stärkeren T58-140-Turbinen. Am 6. Dezember 1960 stieg der in geringer Stückzahl gebaute S-61 L erstmals in die Luft. Er handelt sich um eine reine Überlandversion mit starrem Radfahrwerk. Seine Leermasse bringt ungefähr 350 kg weniger auf die Waage als die des S-61 N, der fast zwei Jahre nach dem S-61 L erstmals flog. Mit dem einziehbaren Fahrwerk und Stützschwimmern ist der S-61 N für Flüge über See ausgelegt und wird vor allem in Schottland und Norwegen in der Bohrinselversorgung eingesetzt. Der S-61 Payloader wurde speziell für Außenlast- und Frachttransporte entwickelt. Durch feste Räder statt des einziehbaren Fahrwerks sowie durch andere Gewichtseinsparungen konnte die Nutzlast gegenüber dem S-61 N um fast 1500 kg erhöht werden. Agusta fertigte den S-61 N in Lizenz und entwickelte ein Modell AS-61 N1 mit verkürzter Kabine. 1996 wurde der S-61 Shortsky, ein Umbau der Firma Helipro, präsentiert, der den Rumpf des S-61 L und N hinter der Kabine um 127 cm verkürzt. Die dadurch gesparte Leermasse ermöglichte die Erhöhung der Nutzlast um 456 kg.

Sikorsky S-61 N Mk II

Antrieb: 2 General Electric T58-140-1/-2-Turbinen mit je 1500 WPS (1119 kW) Leistung
Rotordurchmesser: 18,90 m
Rumpflänge: 17,96 m
Leermasse: 6130 kg
max. Abflugmasse: 9980 kg
Geschwindigkeit: Max: 243 km/h, Reise: 224 km/h
Reichweite: 840 km mit Reserve
Platzangebot: 3 Besatzung und 28 Passagiere

Durch die Verkürzung des Rumpfes wird die Nutzlast des S-61 um über 400 kg erhöht, so dass der beliebte Lasthubschrauber noch effizienter eingesetzt werden kann.

Sikorsky S-61 R

Der S-61 R wurde aus dem S-61 A weiterentwickelt und vor allem bei der US Air Force eingesetzt. Außer einem größeren Rumpf bekam der S-61 R eine Laderampe, aerodynamisch geformte Stützschwimmer, druckbefüllte Rotorblätter für eine leichtere Inspektion, ein Hilfsaggregat, ein nach hinten verlegtes Hauptfahrwerk und ein Bugfahrwerk. Der Prototyp führte seinen Erstflug am 17. Juni 1963 durch. Das erste Serienmodell war der von zwei 1300 WPS leistenden T58-GE-1-Turbinen angetriebene CH-3 C, wobei die Luftwaffe nach wenigen ausgelieferten Exemplaren den stärkeren CH-3 E bestellte. Zusätzlich zur Neubestellung von 42 CH-3 E wurden alle CH-3 C auf E-Standard gebracht. Für den Einsatz in Vietnam ließ die Air Force 50 CH-3 E zu HH-3 E umrüsten und gliederte sie in eine Rettungsstaffel der Air Force ein. Die Maschinen waren gepanzert, leicht bewaffnet, hatten eine Seilwinde und ein Sonde zur Luftbetankung. Sie retteten vielen abgeschossenen Piloten das Leben. Die US-Küstenwache betrieb 40 HH-3 F Pelican für weitreichende Rettungseinsätze vor den Küsten. Sie wurden jedoch durch den Sikorsky HH-60 J Jayhawk ersetzt. Agusta fertigte den S-61 R in Lizenz und lieferte ihn vor allem an die italienische Luftwaffe, die ihn ebenfalls für SAR-Aufgaben einsetzt.

Ein HH-3 F Pelican (S-61 R) der Küstenwache nimmt mittels Hubkorb Teile auf, die das Boot aus dem Wasser fischte.

Sikorsky S-61 R (CH-3 E)

Antrieb: 2 General Electric T58-GE-5-Turbinen mit je 1500 WPS (1119 kW) Leistung
Rotordurchmesser: 18,90 m
Rumpflänge: 17,45 m
Leermasse: 6010 kg
max. Abflugmasse: 10000 kg
Geschwindigkeit: Max: 261 km/h, Reise: 230 km/h
Reichweite: 770 km mit Reserve
Platzangebot: 3 Besatzung und 30 Passagiere

Sikorsky S-62

Am 14. Mai 1958 hob mit dem S-62 Sikorskys erster schwimmfähiger Hubschrauber zum Jungfernflug ab. Der S-62 entstand aus dem S-55, wobei der Rumpf komplett neu gestaltet (gekielt) und der Innenraum vergrößert wurde. Zwei Stabilisierungsschwimmer nahmen das Fahrwerk auf.

Die Ausführung S-62 A erhielt das Rotorsystem des S-55 und eine einzelne General Electric-Turbine, die über dem Passagierraum untergebracht wurde. Der S-62 B zeigte im Unterschied zum S-62 A mit Dreiblattrotor einen im Durchmesser reduzierten S-58-Vierblatthauptrotor. Der S-62 C stellte die zivile Ausführung des HH-52 A dar, der bei der US Coast Guard flog. Die Küstenwache unterhielt mit stolzen 99 HH-52 A die größte S-62-Flotte.

Aufgrund des Alters und der einturbinigen Auslegung wurde der S-62 Ende der 80er Jahre durch den Eurocopter HH-65 A Dolphin abgelöst. Kawasaki

Sikorsky HH-52 A

Antrieb: 1 General Electric T58-GE-8-Turbine mit 1250 WPS (932 kW) Leistung
Rotordurchmesser: 16,16 m
Rumpflänge: 13,58 m
Leermasse: 2305 kg
max. Abflugmasse: 3674 kg
Geschwindigkeit: Max: 180 km/h, Reise: 160 km/h
Reichweite: 760 km mit Reserve
Platzangebot: 2 Piloten und 12 Passagiere

baute den S-62 in Lizenz und verkaufte ihn in geringen Stückzahlen an die japanischen Streitkräfte und kommerzielle Betreiber. Einige S-62 fliegen in den Vereinigten Staaten noch bei privaten Gesellschaften.

Der S-62 war der erste schwimmfähige Sikorsky-Hubschrauber. Die meisten Maschinen betrieb die US-Küstenwache, die sie als Rettungshubschrauber einsetzte. Durch die regelmäßige Beteiligung an Bergungen von Apollo-Kapseln wurde der *S-62* einem breiten Publikum bekannt. Im Bild eine Maschine der Gesellschaft Court Helicopters während einer Routine-Inspektion.

Sikorsky S-65 Sea Stallion / CH-53

Der S-65 Sea Stallion (= »See-Hengst«) wurde als Transport- und Unterstützungshubschrauber für das US Marine Corps entwickelt. Er sollte schwere Außen- sowie sperrige Innenlasten transportieren können, und die Fähigkeit zu Notwasserungen besitzen. Am 14.10.1964 führte der Prototyp seinen Erstflug aus. Der CH-53 A – so die militärische Bezeichnung – flog mit seinen beiden 2850 WPS-T64-GE-6-Turbinen schon in Vietnam. Die Ausführung machte auch mit Kunststückchen auf sich aufmerksam – im Rahmen eines Testprogrammes wurden Loopings und Rollen geflogen.

Sikorsky lieferte an die Marines insgesamt 265 CH-53 A und verbesserte CH-53 D. Die US Navy hatte für Minenräumaufgaben zuerst den RH-53 A mit zwei 3780 WPS leistenden T64-GE-413A-Turbinen im Einsatz. Sie wurden später als RH-53 D mit zwei 4380 WPS leistenden T64-GE-415-Turbinen ausgestattet, was die max. Abflugmasse auf 22680 kg erhöhte. Der RH-53 D kann akustische, mechanische und magnetische Minen durch Beschuß oder durch einen Räumschlitten unschädlich machen. Die US Air Force erhielt insgesamt 72 HH-53 B mit 3080 WPS leistenden T64-GE-3-Turbinen, HH-53 C mit 3925 WPS leistenden T64-GE-7-Turbinen und HH-53 H bzw. MH-53 J mit erweiterter Avionik für Spezialeinsätze. Das deutsche Heer betreibt 112 CH-53 G, von denen 20 mit Zusatztanks und Selbstschutzmaßnahmen zum CH-53 GS umgebaut wurden. Da der CH-53 bei der Bundeswehr wohl noch bis 2030 im Einsatz stehen wird, werden 38 CH-53 G ab dem Jahr 2010 mit einem Glascockpit, einem 4-Achs-Autopilot, IFR-fähiger Navigationsausrüstung, Infrarotkamera und den Verbesserungen des CH-53 GS zum CH-53 GA aufgerüstet werden. Weitere S-65 gingen nach Österreich, in den Iran und nach Israel.

Sikorsky CH-53 D Sea Stallion

Antrieb: 2 General Electric T64-GE-413-Turbinen mit je 3925 WPS (2927 kW) Leistung
Rotordurchmesser: 22,02 m
Rumpflänge: 20,47 m
Leermasse: 10653 kg
max. Abflugmasse: 19047 kg
Geschwindigkeit: Max: 315 km/h, Reise: 278 km/h
Reichweite: 433 km mit Reserve
Platzangebot: 3 Besatzung und 55 Soldaten

Neben verschiedenen anderen Streitkräften hat auch die israelische Armee den CH-53 im Einsatz. Die Aufnahme zeigt einen von den Israel Aircraft Industries nachgerüsteten CH-53/2000.

Sikorsky S-70 Black Hawk / Seahawk

Sikorsky UH-60 M Black Hawk

Antrieb: 2 General Electric T700-GE-701D-Turbinen mit je 1940 WPS (1447 kW) Leistung
Rotordurchmesser: 16,36 m
Rumpflänge: 15,26 m
Leermasse: 5675 kg
max. Abflugmasse: 9980 kg
Geschwindigkeit: Max: 296 km/h, Reise: 280 km/h
Reichweite: 580 km mit Reserve
Platzangebot: 4 Besatzung und 11 Soldaten

Der S-70 wurde für einen US Army-Wettbewerb als taktischer Transporthubschrauber entwickelt und flog am 17.10.1974 erstmals. Die US Army erhielt die ersten Exemplare des UH-60 A Black Hawk (= Schwarzer Falke) mit 1560 WPS leistenden T700-GE-700-Turbinen ab 1978. Ab Oktober 1989 wurden alle UH-60 A auf UH-60 L-Standard gebracht. Die US Army hat zur Zeit 956 UH-60 A und 659 UH-60 L im Einsatz. 1200 davon werden seit 2006 auf den Standard UH-60 M gebracht, der eine Fly-by-Wire-Steuerung, Glascockpit und bessere Hauptrotorblätter hat. Weitere Versionen sind der EH-60 A/C zur elektronischen Kriegsführung, der MH-60 A/K für Sondereinsätze, der VH-60 N als VIP-Ausführung für den amerikanischen Präsidenten, der MH-60 G Pave Hawk als Rettungshubschrauber für Air Force und Nationalgarde, der SH-60 B Seahawk / SH-60 F Ocean Hawk als U-Boot-Jagd- und der HH-60 H als Rettungshubschrauber für die US Navy, sowie der HH-60 J Jayhawk für die Küstenwache. Als Exportausführungen sind bekannt: UH-60 P (Südkorea), S-70 A (A-1 Saudi Arabien, A-5 Philippinen, A-9 Australien, A-17 Türkei), S-70 B (B-2 Australien, B-6 Griechenland), S-70 C (C-1 Taiwan, C-2 China, Taiwan, Brunei), SH-60 J / UH-60 J (Japan). Weitere Exportaufträge stehen bei Sikorsky an. Agusta Westland erhielt die Rechte zur Lizenzfertigung des WS-70 L.

Aufgrund der enormen Leistung und seiner hohen Zuladung ist der S-70 sehr gut zur Waldbrandbekämpfung geeignet. Die Feuerwehr von Los Angeles betreibt sehr erfolgreich einen der wenigen zivilen S-70 Firehawk.

Die US Navy betreibt den Sea Hawk in einer Reihe von Aufgaben, unter anderem für die Versorgung von Schiffen und bei Luftlandeoperationen.

Der MH-60 Pave Hawk stellt die Ausführung des S-70 als Rettungshubschrauber für Küstenwache und Luftwaffe dar.

Sikorsky S-76

Über 400 Sikorsky S-76 werden weltweit betrieben. Die meisten Maschinen werden als Rettungshubschrauber oder für Personentransporte genutzt, wie hier bei der Royal Hong Kong Auxiliary Air Force.

Der S-76 war der erste Hubschrauber, ausschließlich für den zivilen Markt konstruierte Sikorsky-Hubschrauber. Der überwiegende Teil der über 600 verkauften Maschinen fliegt bei kommerziellen Betreibern. Die zivilen Versionen des am 13. März 1977 erstmals geflogenen S-76 sind der S-76 A mit zwei je 700 WPS leistenden Rolls Royce 250C-30S-Triebwerken und einer maximalen Abflugmasse von 4536 kg, der S-76 Mark II mit einer auf 4761 kg erhöhten Abflugmasse, die Frachtversion S-76 Utility mit Schiebetür, verstärktem Boden, einem Lasthaken und einer maximalen Abflugmasse von 4587 kg (später erhöht auf 4898 kg). Es folgte der S-76 A+ mit zwei je 742 WPS leistenden Turbomeca Arriel 1S-Turbinen und einer maximalen Abflugmasse von 4898 kg, der S-76 B mit zwei je 1033 WPS leistenden Pratt & Whitney PT6B-36A-Turbinen und einer maximalen Abflugmasse von 5171 kg (später erhöht auf 5306 kg), der S-76 C mit zwei je 802 WPS leistenden Turbomeca Arriel 1S1-Turbinen, der S-76 C+ mit zwei Turbomeca Arriel 2S2-Turbinen mit je 980 WPS Leistung und der seit 2005 erhältliche S-76 C++. Ab 2009 soll der S-76 D ausgeliefert werden, der neue Rotorblätter aus Kunststoff, einen leiseren Heckrotor, ein Thales Glascockpit und das Enteisungssystem des S-92 sowie Pratt & Whitney PW 210-Triebwerke haben soll.

Sikorsky S-76 C++

Antrieb: 2 Turbomeca Arriel 2S2-Turbinen mit je 1033 WPS (770 kW) Leistung
Rotordurchmesser: 13,41 m
Rumpflänge: 13,21 m
Leermasse: 3177 kg
max. Abflugmasse: 5306 kg
Geschwindigkeit: Max: 287 km/h, Reise: 269 km/h
Reichweite: 762 km ohne Reserve
Platzangebot: 1 Pilot und 13 Passagiere

Mit dem Hubschrauber zur Arbeit: Ein S-76 fliegt Erdölarbeiter auf eine malaysische Bohrinsel.

Wegen des großen Innenraumes und der hohen Geschwindigkeit wird der S-76 gerne als Rettungshubschrauber eingesetzt.

Sikorsky S-80 Sea Dragon

Sikorsky CH-53 E Sea Dragon

Antrieb: 3 General Electric T64-416-Turbinen mit je 4380 WPS (3266 kW) Leistung
Rotordurchmesser: 24,08 m
Rumpflänge: 22,35 m
Leermasse: 15071 kg
max. Abflugmasse: 33338 kg
Geschwindigkeit: Max: 315 km/h, Reise: 278 km/h
Reichweite: 740 km mit Reserve
Platzangebot: 3 Besatzung und 55 Soldaten

Der Sikorsky S-80 ist eine Weiterentwicklung des S-65 Sea Stallion. Er flog unter der Bezeichnung YCH-53 E am 1. März 1974 erstmals. Er unterscheidet sich durch den Einbau von drei Turbinen, einem verstärktem Getriebe, einer geneigten Heckflosse, einem Siebenblatt-Hauptrotor mit Titan-KFK-Blättern, erweiterter Avionik, einem neuen Flugreglersystem und einer ausfahrbaren Luftbetankungssonde von seinem Vorgänger. Der S-80 wird unter der Bezeichnung CH-53 E Sea Dragon (= Seedrache) als Schwerlasthubschrauber eingesetzt und kann dabei über die doppelte Nutzlast des zweiturbinigen CH-53 D transportieren. Als MH-53 E setzt ihn die US Navy zum Räumen von Seeminen ein. Er hat einen vergrößerten Tank, Heckrotorblätter aus GFK, eine verbesserte elektrische und hydraulische Anlage sowie eine erweiterte Avionik für den Einsatz mit Minenräumgeräten. Dadurch steigt seine Leermasse um ca. 1400 kg gegenüber dem CH-53 E an. Da sich bei den Einsätzen am Golf herausstellte, daß beim Ziehen eines Minenräumschlittens das Wenden aus starkem Rückenwind mit der bisherigen Leistung riskant ist, wurden die MH-53 E ab 1993 mit T64-GE-419-Turbinen und einem stärkerem Getriebe aufgerüstet. Im April 2006 wurde Sikorsky mit der Entwicklung und Lieferung von 156 CH-53 K beauftragt, die eine 30 cm breitere Kabine haben aber insgesamt 1,83 m schmäler sind und von drei 6000 WPS leistenden General Electric GE38-1B-Turbinen angetrieben wird. Sie sollen die mehr als doppelte Nutzlast des MH-53 E haben bei halbierten Wartungskosten. Der Erstflug des CH-53 K soll 2011 erfolgen. Vier MH-53 E wurden unter der Bezeichnung S-80 M ab 1989 an die japanische Marine geliefert.

S-80 M der japanischen Marine.

Azapft is': Zwei durstige CH-53 E des US Marine Corps saugen Sprit aus einem Hercules-Tanker KC-130 F. Jeder transportiert einen über elf Tonnen schweren Radschützenpanzer LAV-25 als Außenlast.

Der CH/MH-53 E ist der stärkste Hubschrauber der westlichen Welt. Die US Navy setzt ihn für Schwerlasttransporte oder zum Räumen von Seeminen ein. Die Aufnahme zeigt einen MH-53 E beim Ziehen eines akustischen Räumschlittens MCM Mk 104.

Sikorsky S-92

Sikorsky stellte auf der HAI-Tagung 1992 in Las Vegas ein sogenanntes Mock-up des S-92 Helibus vor. Dieser ist als Nachfolger des S-61 N gedacht und wird vor allem auf dem Offshore-Markt angebotenUm die Maschine schnell verfügbar zu haben und die Entwicklungskosten zu begrenzen, wurden im S-92 fast 50% der bewährten Black-Hawk-Teile verwendet Im Cockpit dominieren modernste Systeme. Es hat fünf Multifunktionsdisplays, die ihre Informationen aus Honeywell-Avionikcomputern beziehen. Die Betriebskosten betragen nur die Hälfte eines S-61 und liegen 20-30% unter denen eines Super Puma. Da der S-92 als Truppentransporter in der Klasse zwischen dem Black Hawk und dem CH-53 angesiedelt ist, bietet Sikorsky den S-92 unter der Bezeichnung H-92 Superhawk auch auf dem Militärmarkt an. Die kanadische Regierung hat 28 H-92 in der Marineversion bestellt und setzt ihn unter dem Namen CH-148 Cyclone ein. Der Erstflug des S-92 fand am 23. Dezember 1998 statt, die Zulassung erfolgte im Jahr 2004.

Sikorsky S-92

Antrieb: 2 General Electric CT-7-8A Turbinen mit je 2520 WPS (1879 kW) Leistung
Rotordurchmesser: 17,17 m
Rumpflänge: 17,10 m
Leermasse: 7650 kg
max. Abflugmasse: 12837 kg
Geschwindigkeit: Max: 306 km/h, Reise: 279 km/h
Reichweite: 917 km ohne Reserve
Platzangebot: 2 Piloten und 23 Passagiere

Sowohl im Offshore-Markt als auch bei verschiedenen Streitkräften gewinnt der S-92 nach und nach Marktanteile.

Van Nevel VN 1100

Der ursprünglich von der Firma Hiller hergestellte VN 1100 nahm unter der Bezeichnung OH-5A am 1960 ausgeschriebenen LOH-Wettbewerb für einen leichten Beobachtungshubschrauber der US Army teil. Der OH-6A (der spätere MD 500) gewann den Wettbewerb und Hiller kam genau wie seine Konkurrenten Bell und Hughes mit einer zivilen Version auf den Markt. Dieser Hiller 1100 wurde von einer 317 WPS leistenden Rolls Royce 250C-18-Turbine angetrieben. Nach der Übernahme von Hiller durch Fairchild wurden im Produktionszeitraum von 1966 bis 1973 stolze 240 Fairchild Hiller FH 1100 an verschiedene zivile und militärische Kunden verkauft. Die 1980 gegründete Hiller Aviation brachte den H 1100 B mit 420 WPS leistender Rolls Royce 250C-20B-Turbine auf den Markt, konnte aber nur wenige Maschinen absetzen. Der Luftfahrtkonzern Rogerson, der Hiller übernahm, entwickelte den RH-1100 C mit verbesserten Rotorblättern, wodurch die maximale Abflugmasse erhöht und die Steigleistung verbessert werden konnte. Außerdem entwickelte Rogerson Hiller den von fünf auf sieben Sitzplätze vergrößerten RH 1100 S, der den größten Innenraum und den günstigsten Anschaffungspreis seiner Klasse haben soll. Trotz guter Ausrüstung wurde keine Maschine verkauft. Die Familie Hiller erwarb Ende 1994 die Rechte am Bau von Hiller-Hubschraubern zurück. Zwischenzeitlich hat die Firma Van Nevel die Produktionsrechte gekauft und verkauft überholte Hiller 1100 unter der Bezeichnung VN 1100. Auch diese Firma wartet jedoch noch auf das Herstellerzertifikat der FAA, so dass nicht klar ist, ob sie jemals wieder neue VN 1100 herstellen wird.

Trotz einer turbulenten Firmengeschichte hat der 1100 seit den 60er-Jahren eine feste Fangemeinde.

Van Nevel VN 1100

Antrieb: 1 Rolls Royce 250C-20B-Turbine mit 420 WPS (313 kW) Leistung
Rotordurchmesser: 10,74 m
Rumpflänge: 8,83 m
Leermasse: 687 kg
max. Abflugmasse: 1451 kg
Geschwindigkeit: Max: 204 km/h, Reise: 183 km/h
Reichweite: 610 km mit Reserve
Platzangebot: 1 Pilot und 3 Passagiere

BILDNACHWEIS